99招
让你成为
泥水工能手

泥水工，这份工作看似没有门槛，人人可做？但实际上是不是这样呢？做过的人应该知道，泥水工是门技术活，正因其工作环境的特殊，是在工程工地上或者家居装修中，环境具有一定的危险和复杂性，所以，在工作中更讲求技术，一个不懂技术的人是无法成为优秀的泥水工的。那么，如何掌握这门技术，技术难不难？掌握了技术之后，会不会不好找工作？就能知道在各大城市、农村都"无"，再则，换一个角度，近年的地震，翻新"。再则，换一个角度，近年的地震，也给四川、青海等省的建筑及相关产业驱动力。有一个家，大家都爱自己的家，无数的房子、装修，让自己的家更温暖温馨有门槛，人人可做？但实际上是不是这样呢？做过的人应该知道，泥水工是门技术活，正因其工作环境的特殊，是在工程工地上或者家居装修中，环境具有一定的危险和复杂性，所以，在工作中

黄鹤 总主编

江西教育出版社
JIANGXI EDUCATION PUBLISHING HOUSE

图书在版编目（CIP）数据

99招让你成为泥水工能手／黄鹤主编.——南昌：江西教育出版社，2010.11

（农家书屋九九文库）

ISBN 978-7-5392-5913-0

Ⅰ.①9… Ⅱ.①黄… Ⅲ.①砖石工—基本知识 Ⅳ.①TU754

中国版本图书馆CIP数据核字（2010）第198639号

99招让你成为泥水工能手

JIUSHIJIU ZHAO RANG NI CHENGWEI NISHUIGONG NENGSHOU

黄鹤　主编

江西教育出版社出版

（南昌市抚河北路291号　邮编：330008）

北京龙跃印务有限公司印刷

680毫米×960毫米　16开本　10.75印张　150千字

2016年1月1版2次印刷

ISBN 978-7-5392-5913-0　定价：29.80元

赣教版图书如有印装质量问题，可向我社产品制作部调换

电话：0791-6710427（江西教育出版社产品制作部）

赣版权登字-02-2010-199

版权所有，侵权必究

前言 qianyan

泥水工,这个职业看似没有门槛,人人可做,但实际上是不是这样呢?做过的人应该知道,泥水工是门技术活,并且环境具有一定的危险和复杂性,所以,在工作中更讲求技术,一个不懂技术的人是无法成为优秀的泥水工的。

那么,如何掌握这门技术?掌握了技术之后,会不会不好找工作,或找到的工作薪水太低?随着我国城市化进程的加快,以及一些地方灾后重建的开展,我们就知道,泥水工正大有可为。再则,换一个角度看,人人都有一个家,大家都爱自己的家,人们在不断地建房子、装修……这些无不是泥水工产业的市场所在。你看到了吗?本书就是通过99招教你轻松成为泥水工能手,读一读吧!

在本书的编写过程中,编者参考了一些相关书籍及文章,限于笔墨,这里就不一一列出书名及文章题目了,在此对作者表示衷心的感谢。

目 录 Contents

第一章　15招教你成为砌墙能手　001

招式1：了解砌筑砂浆…………………………002
招式2：了解砌筑用砖…………………………003
招式3：认识常用砌筑工具……………………006
招式4：熟悉砌砖工艺流程……………………007
招式5：掌握砖砌体的组砌要求………………009
招式6：学会单片墙的组砌方法………………010
招式7：了解矩形砖柱的组砌方法……………010
招式8：空斗墙的组砌方法……………………011
招式9：砖墙的转角砌法………………………012
招式10：掌握砖砌体的组砌要求……………012
招式11：砖基础砌筑技术……………………015
招式12：料石砌筑……………………………019
招式13：砖柱与砖垛砌体工程施工技术……021
招式14：清水砖墙砌体工程施工技术………023
招式15：空心墙（空斗墙）砌体工程施工工艺……026

第二章　12招教你成为铺砖能手　029

招式16：材料选择……………………………030
招式17：工具准备……………………………031
招式18：铺砖…………………………………031
招式19：常见质量问题………………………033

招式20:应注意的职业健康安全问题 …………………… 035
招式21:马赛克饰面 …………………………………… 036
招式22:墙面柱面贴瓷砖 ……………………………… 037
招式23:十五步解决内墙贴面砖 ……………………… 040
招式24:十一个步骤轻松学会墙面贴陶瓷锦砖 ……… 044
招式25:金属饰面板铺设不再难 ……………………… 047
招式26:大理石、花岗石施工 ………………………… 051
招式27:大理石、花岗石干挂快解决 ………………… 055

第三章　6招教你成为抹灰能手　　061

招式28:一般抹灰工程施工 …………………………… 062
招式29:十一步搞定室外水泥砂浆抹灰 ……………… 067
招式30:水刷石抹灰工程施工 ………………………… 071
招式31:外墙斩假石抹灰工程技术 …………………… 076
招式32:假面砖工程施工 ……………………………… 080
招式33:清水砌体勾缝工程技术全掌握 ……………… 083

第四章　7招教你成为地面找平能手　　087

招式34:教你快眼查找地面平整度误差 ……………… 089
招式35:打理好基础地面 ……………………………… 090
招式36:施工前的准备 ………………………………… 090
招式37:铺设水泥砂浆 ………………………………… 090
招式38:打理好基础地面 ……………………………… 091
招式39:施工前的准备 ………………………………… 091
招式40:上自流平 ……………………………………… 092

第五章　20招教你成为防水能手　　093

招式41:确保作业条件合格 …………………………… 095
招式42:防水工程设计技术要求 ……………………… 096
招式43:确定工器具 …………………………………… 097
招式44:确定施工流程 ………………………………… 097
招式45:清理基层 ……………………………………… 098

招式46:聚氨酯防水涂料地面施工 …………… 098
招式47:厨浴专用防水涂料施工 …………… 099
招式48:防水层细部施工 …………… 100
招式49:地漏处细部做法 …………… 100
招式50:门口细部做法 …………… 101
招式51:涂膜防水层的验收 …………… 101
招式52:成品保护 …………… 101
招式53:上下水根部的处理 …………… 102
招式54:套管根部的处理 …………… 102
招式55:马桶的防水 …………… 103
招式56:穿楼板管道防水 …………… 103
招式57:保证材料质量 …………… 104
招式58:确保作业条件合格 …………… 105
招式59:确定工艺流程(热熔法施工) …………… 105
招式60:地下室防水施工技术 …………… 107

第六章　10招教你成为垫层施工能手　109

招式61:了解工具及作业条件 …………… 110
招式62:质量关键要求 …………… 111
招式63:施工如何保障健康 …………… 111
招式64:保护施工环境安全 …………… 111
招式65:成品保护 …………… 112
招式66:灰土垫层施工技术 …………… 112
招式67:砂垫层和砂石垫层施工技术 …………… 113
招式68:碎石垫层和碎砖垫层施工技术 …………… 115
招式69:找平层工程施工技术 …………… 116
招式70:水泥混凝土垫层施工技术 …………… 120

第七章　6招教你成为面层施工能手　123

招式71:水泥混凝土面层施工技术 …………… 124
招式72:水泥砂浆面层施工技术 …………… 125
招式73:水磨石面层工程施工技术 …………… 127

招式74:涂料地面面层施工技术 …………………… 130
招式75:砖面层施工 …………………………………… 132
招式76:水泥钢(铁)屑面层铺设技巧 ……………… 135

第八章　11招教你成为吊顶能手　　137

招式77:施工要点 ……………………………………… 138
招式78:如何抓好质量监控 …………………………… 139
招式79:了解施工技术标准 …………………………… 139
招式80:搞定优质材料质量 …………………………… 140
招式81:龙骨安装不再难 ……………………………… 141
招式82:轻钢龙骨石膏板吊顶技术 …………………… 142
招式83:悬吊式顶棚装饰工艺 ………………………… 145
招式84:轻钢龙骨矿棉板吊顶技术 …………………… 146
招式85:木质吸音板吊顶施工技术 …………………… 147
招式86:轻钢龙骨木饰面吊顶 ………………………… 149
招式87:木骨架罩面板顶棚技术 ……………………… 150

第九章　12招教你成为混凝土浇筑、养护能手　153

招式88:设备工具准备 ………………………………… 154
招式89:材料要求 ……………………………………… 154
招式90:四步骤保障施工环境 ………………………… 155
招式91:确定混凝土浇筑程序流程 …………………… 155
招式92:混凝土的浇筑技术 …………………………… 155
招式93:后浇带施工技术 ……………………………… 156
招式94:停止浇筑混凝土后的处理 …………………… 157
招式95:防止产生温度裂缝的技术措施 ……………… 158
招式96:确保大体积混凝土施工质量措施 …………… 159
招式97:成品保护 ……………………………………… 160
招式98:混凝土养护技术 ……………………………… 160
招式99:7个步骤保证安全环保施工 ………………… 161

第一章
15招教你成为砌墙能手

shiwuzhaojiaonichengweiqiqiangnengshou

招式1：了解砌筑砂浆
招式2：了解砌筑用砖
招式3：认识常用砌筑工具
招式4：熟悉砌砖工艺流程
招式5：掌握砖砌体的组砌要求
招式6：学会单片墙的组砌方法
招式7：了解矩形砖柱的组砌方法
招式8：空斗墙的组砌方法
招式9：砖墙的转角砌法
……

简单基础知识介绍

砌体工程是指在建筑工程中使用普通黏土砖、承重黏土空心砖、蒸压灰砂砖、粉煤灰砖、各种中小型砌块和石材等材料进行砌筑的工程。

用无机胶凝材料与细集料和水按比例拌和而成,也称灰浆。用于砌筑和抹灰工程,可分为砌筑砂浆和抹面砂浆,前者用于砖、石块、砌块等的砌筑以及构件安装;后者则用于墙面、地面、屋面及梁柱结构等表面的抹灰,以达到防护和装饰等要求。普通砂浆材料中还有的是用石膏、石灰膏或黏土掺加纤维性增强材料加水配制成膏状物,称为灰、膏、泥或胶泥。常用的有麻刀灰(掺入麻刀的石灰膏)、纸筋灰(掺入纸筋的石灰膏)、石膏灰(在熟石膏中掺入石灰膏及纸筋或玻璃纤维等)和掺灰泥(黏土中掺少量石灰和麦秸或稻草)。

行家出招

招式1 了解砌筑砂浆

一、砂浆原材料要求

根据组成材料,普通砂浆还可分为:①石灰砂浆。由石灰膏、砂和水按一定配比制成,一般用于强度要求不高、不受潮湿的砌体和抹灰层;②水泥砂浆。由水泥、砂和水按一定配比制成,一般用于潮湿环境或水中的砌体、墙面或地面;③混合砂浆。在水泥或石灰砂浆中掺加适当掺和料如粉煤灰、硅藻土等制成,以节约水泥或石灰用量,并改善砂浆的和易性。常用的混合砂浆有水泥石灰砂浆、水泥黏土砂浆和石灰黏土砂浆等。

新拌普通砂浆应具有良好的和易性,硬化后的砂浆则应具有所需的强度和黏结力。砂浆的和易性与其流动性和保水性有关,一般根据施工经验掌握或通过试验确定。砂浆的抗压强度用砂浆标号表示,常用的普通砂浆标号有4.10、25、50、100等。对强度要求高及重要的砌体,才需要用100号以上的砂浆。砂浆的黏结力随其标号的提高而增强,也与砌体等的表面状态、清洁与否、潮湿程度以及施工养护条件有关。因此,砌砖之前一般要先将砖浇湿,以增强砖与砂浆之间的黏结力,确保砌筑质量。

建筑砂浆和混凝土的区别在于不含粗骨料,它是由胶凝材料、细骨料和水按一定的比例配制而成。按其用途分为砌筑砂浆和抹面砂浆;按所用材料不同,分为水泥砂浆、石灰砂浆、石膏砂浆和水泥石灰混合砂浆等。合理使用砂浆对节约胶凝材料、方便施工、提高工程质量有着重要的作用。

二、砂浆配合比选择

(一)砌筑砂浆的种类及强度等级的选择

1. 砌筑砂浆的种类

常用的砌筑砂浆有水泥砂浆、石灰砂浆、水泥石灰混合砂浆等。

水泥砂浆适用于潮湿环境及水中的砌体工程;石灰砂浆仅用于强度要求低、干燥环境中的砌体工程;混合砂浆不仅和易性好,而且可配制成各种强度等级的砌筑砂浆,除对耐水性有较高要求的砌体外,可广泛用于各种砌体工程中。

2. 砌筑砂浆强度等级的选择

一般情况下,多层建筑物墙体选用 M1 - M10 的砌筑砂浆;砖石基础、检查井、雨水井等砌体,常采 M5 砂浆;工业厂房、变电所、地下室等砌体选用 M2.5 - M10 的砌筑砂浆;二层以下建筑常用 M2.5 以下砂浆;简易平房、临时建筑可选用石灰砂浆。

(二)砌筑砂浆的配合比

砂浆拌和物的和易性应满足施工要求,且新拌砂浆体积密度:水泥砂浆不应小于 1900 千克/立方米;混合砂浆不应小于 1800 千克/立方米。砌筑砂浆的配合比一般查施工手册或根据经验而定。

招式2 了解砌筑用砖

一、砖的分类

砌墙砖

凡是由黏土、工业废料或其他地方资源为主要原料,以不同工艺制成的,在建筑中用于砌筑承重和非承重墙体的砖统称为砌墙砖。

砌墙砖可分为普通砖和空心砖两种。普通砖是没有孔洞或孔洞率小于 15% 的砖;而孔洞率大于或等于 15% 的砖称为空心砖(孔洞率是指砖面上孔洞总面积占砖面积的百分率),其中孔的尺寸小而数量多者又称多孔砖。根据生产工艺又有烧结砖和非烧结砖之分。经焙烧制成的砖为烧结砖,如黏土砖(N)、页岩砖(Y)、煤矸石砖(M)、粉煤灰砖(F)等;经常压蒸汽养护(或高压蒸汽养护)硬化而成的蒸养砖(如粉煤灰砖、炉渣砖、灰砂砖等)属于非烧结砖。

(一)烧结普通砖

烧结普通砖是以黏土或页岩、煤矸石、粉煤灰为主要原料,经过焙烧而成的普通砖。

以黏土为主要原料,经配料、制坯、干燥、焙烧而成的烧结普通砖简称黏土砖(符号为N),有红砖和青砖两种。当砖窑中焙烧时为氧化气氛,则制得红砖。若砖坯在氧化气氛中烧成后,再在还原气氛中闷窑,促使砖内的红色高价氧化铁还原成青灰色的低价氧化铁,即得青砖。青砖较红砖结实,耐碱性能好、耐久性强。但价格较红砖贵。

按焙烧方法不同,烧结黏土砖又可分为内燃砖和外燃砖。内燃砖是将煤渣、粉煤灰等可燃性工业废料掺入制坯黏土原料中,当砖坯在窑内被烧制到一定温度后,坯体内的燃料燃烧而瓷结成砖。内燃砖比外燃砖节省了大量外投煤,节约原料黏土5%–10%,强度提高20%左右,砖的表观密度减小,隔音保温性能增强。

砖坯焙烧时火候要控制适当,以免出现欠火砖和过火砖。欠火砖色浅、敲击声暗哑、强度低、吸水率大、耐久性差。过火砖色深、敲击时声音清脆,强度较高、吸水率低,但多弯曲变形。欠火砖和过火砖均为不合格产品。

2. 烧结普通砖的技术性质

(1)基本物理性质 烧结普通砖的标准外行尺寸为240×115×53毫米,再加上10毫米砌筑灰缝,4块砖长或8块砖宽、16块砖厚均为1米。1立方米砌体需砖512块。

(2)外观质量 砖的外观质量,主要要求其两条面高度差、弯曲、杂质凸出高度、缺楞掉角尺寸、裂纹长度及完整面等六项内容符合规范规定。

(3)抗风化性能 抗风化性能是指砖在长期受到风、雨、冻融等综合条件下,抵抗破坏的能力。凡开口孔隙率小、水饱和系数小的烧结制品,抗风化能力强。

(4)泛霜与石灰爆裂 泛霜是砖在使用中的一种析盐现象。砖内过量的可溶盐受潮吸水溶解后,随水分蒸发向砖表面迁移,并在过饱和下结晶析出,使砖表面呈白色附着物,或产生膨胀,使砖面与砂浆抹面层剥离。对于优等砖,不允许出现泛霜,合格砖不得严重泛霜。石灰爆裂是指砖坯体中夹杂着石灰块,吸潮熟化而产生膨胀出现爆裂现象。对于优等品砖,不允许出现最大破坏尺寸大于 2 毫米的爆裂区域;对于合格品砖,要求不允许出现破坏尺寸大于 15 毫米的爆裂区域。

(二)烧结大连砖

烧结大连砖为高品质页岩烧结砖,国内俗称大连砖,国际俗称米兰砖,用于路面和墙面。产品以页岩、铝硅土为原料,根据其特性在不添加任何色料情况下挤压成型、高温烧结方式形成。主要颜色为:红色、粉红色、棕色、象牙黄、橘黄、灰色、青黑色。其自然色调、抗压耐蚀、经典时尚、古朴美观特性引领国际景观潮流,产品应用于特色景观路面、步行街、房地产景观、广场及墙体装饰,能充分提高建筑物和场所的品位及档次。

烧结砖其文化性、增值性、环保性、耐久性、舒适性诸多特色深受国内外使用者、设计者和专家青睐,是目前最理想最经典的装饰砖。

(三)建菱砖

建菱砖以石米、中粗沙为原料,采用高频震荡、高压成型的方式生产免蒸、免烧一次成型、集互锁和绿色环保于一体的路面砖和路沿砖。产品广泛应用于车站、码头、广场、停车场、体育馆、住宅区、机场等公共场所以及家庭庭院装修。

(四)烧结多孔砖

以黏土、页岩、煤矸石或粉煤灰为主要原料,经焙烧而成,孔洞率不小于 25%,砖内孔洞内径不大于 22mm。孔的尺寸小而数量多,主要用于承重部位的砖,简称多孔砖。目前多孔砖分为 P 型(240mm × 115mm × 90mm)砖和 M 型(190mm × 190mm × 90mm)砖。

烧结多孔砖的孔洞多与承压面垂直,它的单孔尺寸小,孔洞分布合理,非孔洞部分砖体较密实,具有较高的强度。

烧结多孔砖强度等级按国家标准 GB13544 - 2003《烧结多孔砖》规定,根据抗压强度,分为 MU30、MU25、MU15、MU10 五个强度等级。

(五)蒸压灰砂砖

蒸压灰砂砖适用于各类民用建筑、公用建筑和工业厂房的内、外墙,以及房屋的基础。是替代烧结黏土砖的产品。蒸压灰砂砖以适当比例的石灰和石英砂、砂或细砂岩,经磨细、加水拌和、半干法压制成型并经蒸压养护而成。

蒸压砖成套设备包括：搅拌机、消化机、蒸压砖机、轮碾机、蒸压釜等主要设备，及箱式给料机、螺旋输送机、爬斗、骨料秤、胶带输送机、养护小车、摆渡车等辅助设备。蒸压砖的抗冻性、耐蚀性、抗压强度等多项性能都优于实心黏土砖的人工石材。砖的规格尺寸与普通实心黏土砖完全一致，为240mm×115mm×53mm，所以用蒸压砖可以直接代替实心黏土砖。是国家大力发展、应用的新型墙体材料。

（六）粉煤灰砖

以粉煤灰、石灰为主要原料，掺假适量石膏和骨料经胚料制备，压制成型，高压或常压蒸汽养护而成的实心粉煤灰砖。粉煤灰砖可用于工业与民用建筑的墙体和基础。但用于基础或用于易受冻融和干湿交替作用的建筑部位必须使用一等砖与优等砖。同时，粉煤灰不得用于长期受热，受急冷急热和有酸性介质侵蚀的部位。

耐火砖

简称火砖，具有一定形状和尺寸的耐火材料。

按制备工艺方法来划分可分为烧成砖、不烧砖、电熔砖（熔铸砖）、耐火隔热砖；按形状和尺寸可分为标准型砖、普通砖、特异型转等。可用作建筑窑炉和各种热工设备的高温建筑材料和结构材料，并在高温下能经受各种物理化学变化和机械作用。

招式3 认识常用砌筑工具

1. 手工工具

A. 瓦刀　瓦刀又叫泥刀、砌刀，用以砍砖，打灰条，摊铺砂浆。

B. 大铲　用于铲灰，铺灰和刮浆的工具。也可以在操作中用它随时调和砂浆。

C. 灰板　灰板又叫托灰板，在勾缝时用其承托砂浆。灰板用不易变形的木材制成。

D. 摊灰尺　用于控制灰浆及摊铺砂浆。用不易变形的木材制成。

E. 溜子　又叫灰匙、勾缝刀，一般以8钢筋打扁制成，并装有木柄，通常用于清水墙勾缝。

F. 刨锛　刨锛用于打砍砖块，也可当作小锤与大铲配合使用。

G. 钢凿　钢凿又称錾子,与手锤配合,用于开凿石料、异型砖等。其直径为 20—28mm,长 150—200mm,顶部有尖、扁两种。

2. 备料工具

A. 砖夹　施工单位自制的夹砖工具,可用 16 钢筋锻造,一次可以夹起四块标准砖,用于装卸砖块。

B. 筛子　筛子用于筛沙。常用筛孔尺寸有 4mm、6mm、8mm 等几种。有手筛、立筛、小方筛三种。

招式 4　熟悉砌砖工艺流程

1. 选砖　砌筑中必须学会选砖,尤其是砌清水墙面。砖的选择很重要,砖选好,砌出墙来好看,选不好,砌出的墙粗糙难看。

选砖时,拿一块砖在手里,用手掌托起,将砖在手掌上旋转或上下翻转,在转动中查看哪一面完整无缺。有经验者,在取砖时,挑选第一块就选出第二块砖,做到"执一备二眼观三",动作轻巧自如,得心应手,才能砌出整齐美观的砖墙。当砌清水墙时,应选择规格一致,颜色相同的砖,把表面光滑平整,不弯曲和不缺棱角的砖放在外面,砌出的墙才能颜色灰缝一致。因此,必须练好选砖的基本功,才能保证墙体的质量。

2. 砍砖　在砌筑时需要打砍加工的砖,按尺寸不同可分为"七分头"、"半砖"、"二寸头"等。

砌入墙体的砖,由于摆放位置的不同,又分为卧砖、陡砖、立砖以及顶砖。

砖与砖之间的缝统称灰缝。水平方向的叫水平缝或者卧缝;垂直方向的叫立缝。

在实际操作中,运用砖在墙体上的位置变换排列,有各种叠砌方法。

3. 放砖　砌在墙上的砖必须放平。往墙上放砖时,砖必须均匀水平地按下,不能一边高一边低,造成砖面倾斜。也有的墙虽然垂直,但因每皮砖放不平,每层砖出现一点马蹄楞,形成鱼鳞墙,使墙面不美观,而且影响砌体强度。

4. 跟墙穿线　砌砖必须跟着准线走,即"上根线,下跟棱,左右相跟要对平"。砌砖时,砖的上棱边要与线约离 1mm,下棱边要与下层已经砌好的砖棱对平,左右前后位置要准。当砌完每皮砖时,看墙面是否平直,有无高出、低洼、拱出或者拱进准线的情况,有了偏差要及时纠正。

不但要跟线,还要做到用眼"穿墙"。即从上面第一块砖往下看,穿到底,每层砖都要在同一平面,如有出入,应及时修正。

5. 自检　在砌筑中,要随时随地进行自检。一般砌三层砖用线锤吊大角看直不直,五层砖用靠尺靠一靠墙面垂直平整度。当墙砌起一步架时,要用托线板全面检查一下垂直及平整度,特别需要注意墙大角要绝对平整,发现偏差应及时纠正。

砌好的墙千万不能砸,不能撬。如果墙面砌出鼓肚,用砖往里砸使其平整,或者当墙面砌出洼凹,往外撬砖,都不是好习惯。因为砌好的砖,砂浆与砖已经黏结,甚至砂浆已经凝固,被砸和被撬后,砖面活动,粘结力破坏,墙就不牢固,如发现墙有较大偏差,应拆掉重砌,以保证质量。

6. 留脚手眼　砖墙砌到一定高度时,就需要脚手架。当单排立杆架时,它的排木的一端就要支放在砖墙上。为了放置排木,砌砖时就要留出脚手眼。一般在1m处开始预留,间距1m左右一个。采用铁排木时,在砖墙留一个顶头大小的孔洞即可,不必留大孔洞。脚手眼的位置不能随便留,必须符合质量要求中的规定。

7. 留施工洞口　在施工中经常会遇到管道通过的洞口和施工用洞口。这些洞口必须按尺寸和部位进行预留。不允许砌完砖之后凿墙开洞。凿墙开洞会震动墙身,影响砖的强度和整体性。

对大的施工洞口,必须留不重要的部位。如窗台下的墙可以暂时不砌,作为内外通道用;或在山墙中部预留洞,其形式的高度不超过2m,下口宽1.2m左右,上头呈尖顶形,才不至于影响墙的受力。

8. 在常温施工时,使用的黏土砖必须在砌筑前一两天浇水浸湿,一般以水浸入砖四边1cm为宜。不要当时用当时浇,更不能在架子上及低槽边浇砖,以防止造成塌方或架子增加重量而沉陷。

浇砖是砌好砖的重要环节。如果用干砖砌墙,砂浆中的水分会被干砖全部吸取,使砂浆失水过多。这样不易操作,也不能保证水泥硬化所需要的水分,从而影响砂浆强度的增长,这对整个砌体的强度和整体性都不利。反之,如果把砖浇得太湿或者当时浇砖当时砌墙,表面水分还未能吸进砖里,这时砖表面水分过多,形成一层水膜,这些水灾砖与砂浆黏结时,反使砂浆流动性变大。这样,砖的质量往往容易把灰缝压薄,使砖面总低于挂的小线,造成施工困难,更严重的会造成砌体变形。此外稀砂浆也容易流淌到墙面,弄脏墙面。所以这两种情况对砌筑质量都不能起到积极作用,应该避免。

浇砖还能把砖表面的粉尘、泥土冲洗干净,对砌筑质量有利。砌筑灰砂砖时亦可适当洒水后再砌筑。冬季施工由于浇水砖会发生冰冻,在砖表面结成冰膜,不能和砂浆很好结合,此外冬季水分蒸发量也少,所以冬季施工不用浇砖。

招式5 掌握砖砌体的组砌要求

砖砌体的组砌,要求上下错缝,内外搭接,以保证砌体的整体性和稳定性。同时组砌要有规律,少砍砖,以提高砌筑效率,节约材料。组砌方式必须遵循以下三个原则。

1. 砌体必须错缝

砖砌体是由一块一块的砖,利用砂浆作为填缝和黏结材料,组砌成墙体和柱子。为避免砌体出现连续的垂直通缝,保证砌体的整体强度,必须上下错缝,内外搭接,并要求砖块最少应错缝1/4砖长,而且不小于60mm。在墙体两端采用"七分头"、"二寸条"来调整错缝。

2. 墙体连接要有整体性

为了使建筑物的纵横墙相连接成一整体,增强其抗震能力,要求墙体的转角和连接处尽量同时砌筑;如不能同时砌筑的,必须在先砌的墙上留出接槎,后砌的墙体要镶如接槎内。砖墙接槎的砌筑方法合理与否,质量好坏,对建筑物的整体影响很大。正常的接槎按规范规定采取两种形式:一种是斜槎,方法是在墙体连接处将待接砌墙的槎口砌成台阶形式,其高度一般不大于1.2cm,长度不小于高度的2/3。另一种是直槎,是每隔一皮砌出1/4砖,作为接槎之用,并且沿高度每隔500mm加拉结钢筋,每边深入腔内不宜小于50cm。

3. 控制水平灰缝厚度

砌体水平方向的缝叫卧缝或者水平缝。砌体水平灰缝规定为8-12mm,一般为10mm,砌体的水平灰缝厚度与砌体的抗压强度是紧密相关的。砌体本身是非匀质体,砌体受压后产生变形,这主要是因水平灰缝被压缩而引起的。砌体的破坏,往往是由于灰缝的变形造成的,水平灰缝厚度越大,砂浆的横向变形也越大,从而增大了砖的附加拉应力,使砌体的抗压强度降低。据有关试验数据表明:砖砌体的水平灰缝厚度若从10mm增厚到12mm时,即可使砌体强度降低25%。

招式6 学会单片墙的组砌方法

1. 一顺一丁：又称"满丁满条"，指一皮砖按照顺一皮砖按照丁的方式交替砌筑，这种砌法最为常见，对工人的技术要求也较低。"一顺一丁"根据墙面形式不同又分为"十字缝"、"骑马缝"两种。两者的区别在于顺砌时条砖是否对齐。

2. 梅花丁。梅花丁：指每一皮砖都有顺有丁，上下皮又顺丁交错，这种砌法难度最大，但是墙体强度最高。该砌法灰缝整齐，外表美观，结构整体性好，但砌筑效率低，适合于砌筑一砖或者一砖半的清水墙。当砖的规格偏大时，采用梅花丁砌法有助于减少墙面的不整齐性。

3. 三顺一丁。是一面墙的连续三皮中全部采用顺砖与一皮中全部采用丁砖上下间隔砌成，上下相邻两皮顺砖与丁砖间竖缝相互错开1/4砖长。该砌法因砌顺砖较多，所以砌筑速度快，但因丁砖拉结较少，该砌法整体性较差，在实际工程中应用较少，适合于砌筑一砖墙和一砖半墙。

4. 两平一侧。两平一侧是一面墙连续两皮平砌砖与一皮侧立砖的顺砖上下间隔砌成。当墙厚为3/4砖时，平砌砖均为顺砖，上下皮平砌顺砖的竖缝相互错开1/2砖长，上下皮平砌顺砖与侧砌顺砖的竖缝相错1/2砖长。

5. 全顺砌法。全顺砌法是一面墙的各皮砖均为顺砖，上下皮竖缝相错1/2砖长。此砌法仅用于半砖墙。

6. 全丁砌法。全丁砌法是一面墙的每皮砖均为丁砖，上下皮缝隙相错1/4砖长，适于建筑一砖、一砖半、两砖的圆弧形墙、烟囱筒和圆井圈等。

招式7 了解矩形砖柱的组砌方法

砖柱一般分为矩形、圆形、正多角形和异型等几种。矩形砖柱分为独立柱和附墙柱两类，圆形柱和正多角柱一般为独立砖柱；异型砖柱较少，现在通常由钢筋混凝土柱代替。

普通矩形砖柱截面尺寸不应少于240mm×365mm。

240mm×365mm砖柱组砌，只用整砖左右转换叠砌，但砖柱中间始终存在一道垂直缝隙,一定程度上削弱了砖柱的整体性,这是一道无法避免的竖向通缝;如要承受较大荷载时,每隔数皮砖在水平灰缝中放置钢筋网片。

365mm×365mm 砖柱有两种组砌方法:一种是每皮中采用三块整砖与两块配砖组砌,但砖柱中有两条长 130mm 的竖向通缝;另一种是每皮中均用配砖砌筑,如配砖用整砖砍成,则费工费料。

365mm×490mm 砖柱有三种组砌方法。第一种是隔皮用 4 块配砖,其他用整砖,但砖柱中间有两道竖向通缝。第二种砌法是每皮中用 4 块整砖、两块配砖与一块半砖组砌,但砖柱中有三道竖向通缝。第三种砌法是隔皮用一块整砖和一块半砖,其他都用配砖,平均每皮砖用 7 块配砖,如配砖用整块砍成,则费工费料。

490mm×490mm 砖柱有三种组砌方法。第一种是两皮全部整砖与两皮整砖、配砖、1/4 砖轮流叠砌,砖柱中间有一定数量的通缝,但每隔一两皮便进行拉结,使之有效避免竖向通缝的产生。第二种砌法是全部由整砖叠砌,砖柱中间每隔三皮砖竖向通缝才有一皮砖进行拉结。第三种砌法是每皮砖均用 8 块配砖与两块整砖砌筑。无任何内外接缝。但配砖太多,如配砖用整砖砍成,则费工费料。

招式 8 空斗墙的组砌方法

空斗墙是用砖侧砌或平、侧交替砌筑成的空心墙体。具有用料省、自重轻和隔热、隔声性能好等优点,适用于 1~3 层民用建筑的承重墙或框架建筑的填充墙。空斗墙在中国是一种传统墙体,明代以来已大量用来建造民居和寺庙等,长江流域和西南地区应用较广。

1. 砌筑方式

空斗墙的砌筑方法分有眠空斗墙和无眠空斗墙两种。侧砌的砖称斗砖,平砌的砖称眠砖。有眠空斗墙是每隔 1~3 皮斗砖砌一皮眠砖,分别称为一眠一斗,一眠二斗,一眠三斗。无眠空斗墙只砌斗砖而无眠砖,所以又称全斗墙。无论哪一种砌法,上下皮砖的竖缝都应错开,以保证墙体的整体性。现代的空斗墙用普通砖,砌成无眠空斗墙和双丁砖无眠空斗墙,作为低层房屋的承重墙和围护墙。空斗墙对砖的质量要求较高,要求棱角完好,标号不低于 75 号。砂浆要有较好的和易性,使砌筑后灰缝饱满,常用标号不低于 25

号混合砂浆。

2. 构造要点

空斗墙是一种非匀质砌体，坚固性较实砌墙差，因而墙体的重要部位须砌成实体，例如门窗洞口的两侧、纵横墙交接处、室内地坪以下勒脚墙、楼板下面的3~4皮砖和承受集中荷载的部位（如屋架或梁下）。空斗墙的过梁可用钢筋混凝土梁、钢筋砖过梁或砖砌平拱等。内部空间较大的建筑物或2~3层的楼房，宜设整体交圈的钢筋砖圈梁。

空斗墙有构造上的局限性，下列情况不宜采用：土质不好可能引起墙体不均匀沉降的地方；门窗面积超过墙面面积50%时；7度以上的地震区；单层厂房和大中型公共建筑的承重墙等。

招式9 砖墙的转角砌法

为了使各皮间竖缝相互错开，砖墙的转角处，必须在外角处砌七分头砖（即3/4砖），当采用一顺一丁组砌时，七分头的顺面方向依次砌顺砖，丁面方向依次砌丁砖。

为一顺一丁砌一砖墙转角。当采用梅花丁组砌时，在外角砌一块七分头砖，七分头砖的顺面相邻砌丁砖，丁面相邻砌顺砖。

招式10 砖砌体的砌筑方法

1. 瓦刀批灰法

瓦刀批灰法又称满刀灰法或带刀灰法。是指在砌砖时，先用瓦刀将砂浆抹在砖黏面上和砖的灰缝处，然后将砖用力按在墙上的方法。该法是一种常见的砌筑方法，适合用于砌空斗墙、1/4砖墙、平拱、弧拱、窗台、花墙、炉灶等的砌筑。但其要求稠度大，黏性好的砂浆与之配合，也可使用黏土砂浆和白灰砂浆。

通常使用瓦刀，操作时右手拿瓦刀，左手拿砖，先用瓦刀把砂浆正手刮在砖的侧面，然后反手将砂浆抹满砖的大面，并在另一侧刮上砂浆。要刮布均匀，中间不要留空隙，四周可以厚一些，中间薄些。与墙上已经砌好的砖接触的头缝即碰头灰也要刮上砂浆。当砖块刮好砂浆后，放在墙上，挤压至准线平齐,如有挤出墙面的砂浆,须用瓦刀刮下填于竖缝出。

2."三一"砌砖法

"三一"砌砖法的基本操作时"一铲灰、一块砖、一挤揉"。

1)步法　操作时人应顺墙斜站,左脚在前离墙约15cm,右脚在后,距墙及左脚跟30-40cm。砌筑方向是由前往后退着走,这样操作可以随时检查已经砌好的砖是否平直。砌完3-4块砖后,左脚后退一大步,右脚后退半步,人斜对墙面可砌50cm,砌完后左脚后退半步,右脚后退一步,恢复到开始砌砖时位置。

2)铲灰取砖　铲灰时应先用铲底摊平砂浆表面,然后用手腕横向转动来铲灰,减少手臂动作,取灰量要根据灰缝厚度,以满足一块砖的需要量为准,取砖时应随拿砖随挑选好下一块砖。左手拿砖,右手拿砂浆,同时拿起来,减少弯腰次数,以争取砌筑时间。

3)铺灰　将砂浆铺在砖面上的动作可分为甩、溜、丢、扣等几种。在砌顺砖时,当墙砌得不高且距操作处较远时,一般采用溜灰方法铺灰;当墙砌得较高而近身砌砖时,常用扣灰方法铺灰。在砌丁砖时,当砌墙较高且近身砌筑时,常用丢灰方法铺灰;在其他情况下,还经常用扣灰方法铺灰。

无论采用哪种铺灰动作,都要求铺出的灰条要近似砖的外形,长度比一块砖稍长,并与前一块砖的灰条相连接。

4)揉挤　左手拿砖在离已经砌好的前砖约3-4cm处开始平放推挤,并用手轻揉。在揉砖时,眼要上边看线,下边看墙皮,左手中指随即同时伸下,摸一下上下棱是否平齐。砌好一块砖后,随即用铲将挤出的砂浆刮回,放在竖缝中或随手投入灰斗中。揉砖的目的是使砂浆饱满。铺在砖上的砂浆如果轻薄,揉的劲要小一点;砂浆较厚时,揉的劲要稍大。并且根据已铺砂浆的位置要前后揉或者左右揉,总之以揉到下齐砖棱上齐线为适宜,要做到平齐、轻放、轻揉。

这种操作方法适合于砌窗间墙、砖柱、砖跺、烟囱等较短的部位。

3.坐浆砌砖法

坐浆砌砖法,是指在铺砖时,先在墙上铺50cm左右的砂浆,用摊尺找平,然后在已铺好的砂浆上砌砖的方法。该法适用于砌门窗洞较多的砖墙或砖柱。

操作要点。操作时人站立的位置以距离墙面10-15cm为宜,左脚在前,右脚在后,人斜对墙面,随着砌筑前进方向退着走,每退一步可砌3-4块顺砖长。

通常使用瓦刀,操作时用灰勺和大铲舀砂浆,均匀地倒在墙上,然后左手拿摊尺刮平。砌砖时左手拿砖,右手用瓦刀在砖的头缝处打上砂浆,随即砌上砖并压实。砌完一段铺灰长度后,将瓦刀放在最后砌完的砖上,转身再舀灰,如此逐段铺砌。每次砂浆摊铺长度应看气温高低、砂浆种类及砂浆稠度而定,每次砂浆摊铺长度不宜超过75cm。

4. 铺灰挤砌法

铺灰挤砌法是采用一定的铺灰工具,如铺灰器等,先在墙上用铺灰器铺一段砂浆,然后将砖紧压砂浆层,推挤砌于墙上的方法。铺灰挤砌法分为单手挤浆法和双手挤浆法两种。

1) 单手挤浆法　一般用铺灰器铺灰,操作者应沿砌筑方向退着走。砌顺砖时,左手拿砖距前面的砖块约5-6cm处将砖放下,砖稍稍蹭灰面,沿水平方向向前推挤,把砖前灰浆推起作为立缝处砂浆。并用瓦刀将水平灰缝挤出墙面的灰浆刮清甩填于立缝中。当砌砖顶时,将砖擦灰面放下后,用手掌横向往前挤,挤浆的砖口要略呈倾斜,用手掌横向往前挤,到接近一指缝时,砖块略向上翘,以便带起灰浆挤入立缝内,将砖压至与准线平齐为止,并将内外挤出的灰浆刮清,甩填于立缝内。

当砌墙的内侧顺砖时,应将砖由外向里靠,水平向前挤推,这样立缝处砂浆容易饱满,同时用瓦刀将反面墙水平缝挤出的砂浆刮起,甩填于挤砌的立缝内。

挤浆砌筑时,手掌要用力,使砖与砂浆密切结合。

2) 双手挤浆法　双手挤浆法操作时,使靠墙的一只脚脚尖稍偏向墙边,另一只脚向斜前方踏出40cm左右,使两脚自然的站成"T"形。身体离墙约7cm,胸部略向外倾斜。这样,便于操作者转身拿砖,挤砖和看棱角。

拿砖时,靠墙的一只手先拿,另一只手跟着上去,也可以双手同时取砖;两眼要迅速查看砖的边角,将棱角整齐的一边先砌在砖的外侧;取砖和选砖几乎同时进行。为此操作必须熟练,无论是砌顶砖还是顺砖,靠墙的一只手先挤,另一只手迅速跟着挤砌。其他操作方法与单手挤浆法相同。

如砌丁砖,当手上拿的砖与墙上原砌的砖相距5-6cm时,如砌顺砖,距离约13cm时,把砖的另一头抬起约4cm,将砖插入砂浆中,随即将砖放平,手掌不要用力挤压,只需依靠砖的倾斜自坠力压住砂浆,平推前进。若竖缝过大,可用手掌稍加压力,将灰缝压实至1cm为止。然后看准砖面,如有不平,用手掌加压,使砖块平整。由于顺砖长,因而要特别注意砖块下齐边棱上平线,以防止墙面产生凹进凸出和高低不平的现象。

这种方法,在操作时减少了每块砖要转身、铲灰、弯腰和铺灰等动作,可大大减轻劳动强度,还可组成两人或三人小组,铺灰、砌砖分工协作,密切配合,提高工效。但要注意如砂浆保水性能不好时,砖湿润又不合要求,操作不熟练,推挤动作稍慢,往往会出现砂浆干硬,造成砌体黏结不良。因此在砌筑时要求快铺快砌,挤浆时严格掌握平推平挤,避免前低后高,以免把砂浆挤成沟槽,使灰浆不饱满。

5."二三八一"砌筑法

把砌筑工砌砖的动作归结为两种步法、三种弯腰姿态、八种铺灰手法,一种挤浆动作,叫做"二三八一砖砌动作规范",简称"二三八一"操作法。

"二三八一"砌筑法中的两种步法,即操作者以丁字步与并列步交替退行操作;三种身法即操作过程中采用侧弯腰、丁字步弯腰和并列步弯腰形式进行操作;八种铺灰手法,即砌条砖采用甩、扣、溜、泼四种手法和砌丁砖采用扣、溜、泼、一带二等4种手法;一种挤浆动作,即平推挤浆法。

"二三八一"砌筑法把砌砖动作复合为4个,即双手同时铲灰和拿砖——转身铺灰——挤浆——接刮余灰——甩出余灰,大大简化了操作,使身体各部分肌肉轮流运动,减少疲劳。

招式11 砖基础砌筑技术

砖砌体是用砖和砂浆砌筑成的整体材料,是目前使用最广的一种建筑材料。根据砌体中是否配置钢筋,分为无筋砖砌体和配筋砖砌体。

一、施工准备

第一步:准备合格的材料

1)砖:砖的品种,强度等级须符合设计要求,并应规格一致。有出厂证明、试验单。

2)水泥:一般采矿渣硅酸盐水泥和普通硅酸盐水泥。

3)砂:中砂,应过5mm孔径的筛。配制M5以下砂浆所用砂的含泥量不超过10%,并不得含有草根等杂物。

4)掺合料:石灰膏,粉煤灰和磨细生石灰粉等,生石灰粉熟化时间不得

2天。

5）其他材料：拉结筋、预埋件、防水粉等。

第二步：确保作业条件合格

1）基槽：混凝土或灰土地基均已完成。

2）已放好基础轴线及边线；立好皮数杆。

3）根据皮数杆最下面一层砖的底标高，拉线检查基础垫层表面标高，如第一层砖的水平灰缝大于20mm时，应先用细石混凝土找平，严禁在砌筑砂浆中掺细石代替或用砂浆垫平，更不允许砍砖合子找平。

二、施工步骤

第三步：确定 工艺流程

第四步：砖浇水

黏土砖必须在砌筑前一天浇水湿润，一般以水浸入砖四边1.5m为宜，含水率为10%～15%，常温施工不得用干砖上墙；雨季不得使用含水率达饱和状态的砖砌墙；冬期浇水有困难，必须适当增大砂浆稠度。

第五步：砂浆搅拌

砂浆配合比应采用重量比，计量精度水泥为±2%，砂、灰膏控制在±5%以内。宜用机械搅拌，搅拌时间不少于1.5分钟。

第六步：砌砖墙

组砌方法：砌体一般采用一顺一丁（满丁、满条）、梅花丁或三顺一丁砌法。砖柱不得采用先砌四周后填心的包心砌法。

第七步：排砖撂底（干摆砖）

一般外墙第一层砖撂底时，两山墙排丁砖，前后檐纵墙排条砖。根据弹好的门窗洞口位置线，认真核对窗间墙、垛尺寸，其长度是否符合排砖模数，如不符合模数时，可将门窗口的位置左右移动。若有破活，七分头或丁砖应排在窗口中间，附墙垛或其他不明显的部位。移动门窗口位置时，应注意暖卫立管安装及门窗开启时不受影响。另外，在排砖时还要考虑在门窗口上边的砖墙合拢时也不出现破活。所以排砖时必须做全盘考虑，前后檐墙排第一皮砖时，要考虑甩窗口后砌条砖，窗角上必须是七分头才是好活。

第八步：选砖

砌清水墙应选择棱角整齐，无弯曲、裂纹，颜色均匀，规格基本一致的砖。敲击时声音响亮，焙烧过火变色，变形的砖可用在基础及不影响外观的内墙上。

第九步:盘角

砌砖前应先盘角,每次盘角不要超过五层,新盘的大角,及时进行吊、靠。如有偏差要及时修整。盘角时要仔细对照皮数杆的砖层和标高,控制好灰缝大小,使水平灰缝均匀一致。大角盘好后再复查一次,平整和垂直完全符合要求后,再挂线砌墙。

第十步:挂线

砌筑一砖半墙必须双面挂线,如果长墙几个人均使用一根通线,中间应设几个支线点,小线要拉紧,每层砖都要穿线看平,使水平缝均匀一致,平直通顺;砌一砖厚混水墙时宜采用外手挂线,可照顾砖墙两面平整,为下道工序控制抹灰厚度奠定基础。

第十一步:砌砖

砌砖宜采用一铲灰、一块砖、一挤揉的"三一"砌砖法,即满铺、满挤操作法。砌砖时砖要放平。里手高,墙面就要张;里手低,墙面就要背。砌砖一定要跟线,"上跟线,下跟棱,左右相邻要对平"。水平灰缝厚度和竖向灰缝宽度一般为10mm,但不应小于8mm,也不应大于12mm。为保证清水墙面主缝垂直,不游丁走缝,当砌完一步架高时,宜每隔2m水平间距,在丁砖立楞位置弹两道垂直立线,可以分段控制游丁走缝。在操作过程中,要认真进行自检,如出现有偏差,应随时纠正。严禁事后砸墙。清水墙不允许有三分头,不得在上部任意变活、乱缝。砌筑砂浆应随搅拌随使用,一般水泥砂浆必须在3h内用完,水泥混合砂浆必须在4h内用完,不得使用过夜砂浆。砌清水墙应随砌、

随划缝,划缝深度为8~10mm,深浅一致,墙面清扫干净。混水墙应随砌随将舌头灰刮尽。

第十二步:留槎

外墙转角处应同时砌筑。内外墙交接处必须留斜槎,槎子长度不应小于墙体高度的2/3,槎子必须平直、通顺。分段位置应在变形缝或门窗口角处,隔墙与墙或柱不同时砌筑时,可留阳槎加预埋拉结筋。沿墙高按设计要求每50cm预埋 φ6 钢筋 2 根,其埋入长度从墙的留槎处算起,一般每边均不小于50cm,末端应加90°弯钩。施工洞口也应按以上要求留水平拉结筋。隔墙顶应用立砖斜砌挤紧。

第十三步:木砖预留孔洞和墙体拉结筋

木砖预埋时应小头在外,大头在内,数量按洞口高度决定。洞口高在

1.2m以内,每边放2块;高1.2~2m,每边放3块;高2~3m,每边放4块,预埋木砖的部位一般在洞口上边或下边四皮砖,中间均匀分布。木砖要提前做好防腐处理。钢门窗安装的预留孔、硬架支模、暖卫管道,均应按设计要求预留,不得事后剔凿。墙体拉结筋的位置、规格、数量、间距均应按设计要求留置,不应错放、漏放。

第十四步:安装过梁、梁垫

安装过梁、梁垫时,其标高、位置及型号必须准确,坐灰饱满。如坐灰厚度超过2cm时,要用豆石混凝土铺垫,过梁安装时,两端支承点的长度应一致。

第十五步:构造柱做法

凡没有构造柱的工程,在砌砖前,先根据设计图纸将构造柱位置进行弹线,并把构造柱插筋处理顺直。砌砖墙时,与构造柱连接处砌成马牙槎。每一个马牙槎沿高度方向的尺寸不宜超过30cm(即五皮砖)。马牙槎应先退后进。拉结筋按设计要求放置,设计无要求时,一般沿墙高50cm设置2根φ6水平拉结筋,每边深入墙内不应小于1m。

第十六步:质量检查

1. 砂浆品种及强度应符合设计要求。同品种、同强度等级砂浆各组试块抗压强度平均值不小于设计强度值,任一组试块的强度最低值不小于设计强度的75%。

2. 砌体砂浆必须密实饱满,实心砖砌体水平灰缝的砂浆饱满度不小于80%。

3. 外墙转角处严禁留直槎,其他临时间断处留槎做法必须符合规定。

4. 砌体上下错缝,砖柱、垛无包心砌法:窗间墙及清水墙面无通缝;混水墙每间(处)无5、皮砖的通缝(通缝指上下二皮砖搭接长度小于25mm)。

6. 砖砌体接槎处灰浆应密实,缝、砖平直,每处接槎部位水平灰缝厚度小于5mm或透亮的缺陷不超过5个。

7. 预埋拉筋的数量、长度均符合设计要求和施工规范的规定,留置间距偏差不超过一皮砖;

8. 构造柱留置正确,大马牙槎先退后进、上下顺直;残留砂浆清理干净。

9. 水墙组砌正确,坚缝通顺,刮缝深度适宜、一致,棱角整齐,墙面清洁美观。

第十七步:成品保护

1、墙体拉结筋、抗震构造柱钢筋、大模板混凝土墙体钢筋及各种预埋件、暖卫、电气管线等,均应注意保护,不得任意拆改或损坏。

2、砂浆稠度应适宜,砌墙时应防止砂浆溅脏墙面。

3、在吊放平台脚手架或安装大模板时,指挥人员和吊车司机要认真指挥和操作,防止碰撞已砌好的砖墙。

4、在高车架进料口周围,应用塑料薄膜或木板等遮盖,保持墙面洁净。

5、尚未安装楼板或屋面板的墙和柱,当可能遇到大风时,应采取临时支撑等措施,以保证施工中墙体的稳定性。

招式12 料石砌筑

一、施工准备

第一步:准备合格的施工材料

1、石料:其品种、规格、颜色必须符合设计要求和有关施工规范的规定,应有出厂合格证。

2、砂:宜用粗、中砂。用5mm孔径筛过筛,配制小于M5的砂浆,砂的含泥量不得超过10%;等于或大于M5的砂浆,砂的含泥量不得超过5%,不得含有草根等杂物。

3、水泥:一般采用325号矿渣硅酸盐水泥和普通硅酸盐水泥。有出厂证明及复试单。如出厂日期超过三个月,应按复验结果使用。

4、水:应用自来水或不含有害物质的洁净水。

5、其他材料:拉结筋、预埋件应做好防腐处理。

6、主要机具:应备有搅拌机、筛子、铁锹、小手锤、大铲、托线板、线坠、水平尺、钢卷尺、小白线、半截大桶、扫帚、工具袋、手推车、皮数杆等。

第二步:确定作业条件合格

1、基础、垫层已施工完毕。

2、基础、垫层表面已弹好轴线及墙身线,立好皮数杆,其间距约15mm为宜。转角处应设皮数杆,皮数杆上应注明砌筑皮数及砌筑高度等。

3、砌筑前拉线检查基础、垫层表面,标高尺寸是否符合设计要求,如第一皮水平灰缝厚度超过20mm时,应用细石混凝土找平,不得用砂浆掺石子代替。

4. 砂浆配合比由试验室确定,计量设备经检验,砂浆试模已经备好。

二、施工步骤

第三步:确定施工流程

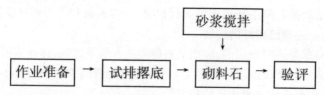

砌筑前,应对弹好的线进行复查,位置、尺寸应符合设计要求,根据进场石料的规格、尺寸、颜色进行试排、摆底,确定组砌方法。

第四步:砂浆拌制

1. 砂浆配合比应用重量比,水泥计量精度在±2%以内。

2. 宜采用机械搅拌,投料顺序为沙子→水泥→掺和料→水。搅拌时间不少于90s。

3. 应随拌随用,拌制后应在3h内使用完毕,如气温超过30℃,应在2h内用完,严禁用过夜砂浆。

4. 砂浆试块:基础按一个楼层或250m3砌体每台搅拌机做一组试块(每组6块),如材料配合比有变更时,还应做试块。

第五步:料石砌筑

1. 组砌方法应正确,料石砌体应上、下错缝,内外搭砌,料石基础第一皮应用丁砌。坐浆砌筑,踏步形基础,上级料石应压下级料石至少三分之一。

2. 料石砌体水平灰缝厚度,应按料石种类确定,细料石砌体不宜大于5mm;半细料石砌体不宜大于10mm;粗料石砌体不宜大于20mm。

3. 料石墙长度超过设计规定时,应按设计要求设置变形缝,料石墙分段砌筑时,其砌筑高低差不得超过1.2m。

第六步:质量检查

料石砌体应内外搭砌,上下错缝,拉结石、丁砌石交替设置,料石放置平稳,灰缝均匀一致,灰缝厚度符合施工规范的规定。

料石砌体墙面应采用叨灰勾缝,粘结牢固,密实光洁,横、竖缝交接平整,墙面洁净,清晰美观。

第七步:成品保护

1. 料石墙砌筑完后,未经有关人员检查验收,轴线桩、水准桩、皮数杆应加以保护,不得碰坏、拆除。

2. 砌体中埋没的构造筋应注意保护,不得随意踩倒弯折。

3. 细料石墙、柱、垛,应用木板、塑料布保护,防止损坏楞角或污染。

招式13 砖柱与砖垛砌体工程施工技术

一、施工准备

第一步:准备合格的施工材料

1)砖、烧结多孔砖、蒸压灰砂砖、蒸压粉煤灰砖;砖的品种、强度等级必须符合设计要求,并应规格一致;产品有出厂合格证及复试单。蒸压灰砂砖、蒸压粉煤灰砖的龄期不少于28d。

2)水泥:宜采用强度等级32.5级普通硅酸盐水泥或矿渣硅酸盐水泥,产品应有出厂合格证及复试报告。

3)砂:宜用中砂,并通过5mm筛孔。配制M5(含M5)以上砂浆,砂的含泥量不应超过5%;M5以下砂浆,砂的含泥量不应超过10%,不得含有草根等杂物。

4)掺和料:有石灰膏、磨细生石灰粉、电石膏和粉煤灰等,石灰膏的熟化时间不应少于7d,严禁使用冻结或脱水硬化的石灰膏。

5)外加剂:使用微沫剂或各种不同品种的有机塑化剂,其掺量、稀释办法、拌合要求和使用范围应严格按有关技术规定执行,并由试验室试配确定。

6)水:应用自来水或不含有害物质的洁净水。

第二步:确保作业条件合格

1)砌筑前,基础或下部主体砌体应经验收合格。

2)在基础或下部主体砌体顶面弹好墙身轴线、墙边线、门窗洞口和柱子的位置线。

3)完成回填基础两侧及房心土方。

4)在柱两端及转角处已按标高立好皮数杆;皮数杆的间距以15~20m为宜,并办好预检手续。

5)砌筑部位(基础或墙柱面等)的灰渣、杂物清除干净,并浇水湿润。

二、施工步骤

第二步:确定施工流程

弹柱轴线及边线→立皮数杆→确定组砌方法→砖浇水→拌制砂浆→排砖→砌砖柱→验收。

第四步：立皮数杆

在砌筑前，应在柱的位置近旁竖立皮数杆，成排同断面的砖柱，可仅在两端的砖柱近旁立皮数杆。

砖柱的各皮高低按皮数杆上皮数线砌筑，成排砖柱，可先砌两端的砖柱，然后逐皮拉通线，依线砌中间的砖柱。

砖柱主要断面形式有方形、矩形、多边形和圆形等，方形柱最小断面尺寸为$365mm×365mm$，矩形柱最小断面尺寸为$240mm×365mm$，多边形和圆形柱最小内直径为$365mm$。

第五步：组砌方法

一般采用满丁满条，里外咬砌，上下层错缝，并采用"三一"砌法。

第六步：选砖

砌筑时，应选尺寸合格、棱角整齐、颜色均匀的砖。

第七步：检查轴线

柱砌至顶部时要拉线检查轴线、边线、垂直度，保证柱子位置正确。柱子标高调整应在水平灰缝中逐渐调整，严禁个别灰缝调整。

第八步：拌制砂浆

砂浆配合比应由试验室确定，采用质量比，砌筑的砂浆必须机械搅拌均匀，随拌随用。水泥砂浆和混合砂浆分别应在3小时和4小时内使用完毕。细石混凝土应在2小时内用完。

水泥砂浆和水泥混合砂浆的搅拌时间不得少于分钟，掺外加剂的砂浆不得少于分钟，掺有机塑化剂的砂浆应为3~5分钟。同时还应具有较好的和易性和保水性，一般稠度以5~7cm为宜。外加剂和有机塑化剂的配料精度应控制在±2%以内，其他配料精度应控制在±5%以内。

第九步：浸砖

砌筑用砖应提前1~2d浇水湿润。

第十步：质量检查

(1)砖和砂浆的强度等级必须符合设计要求。

(2)砌体水平灰缝的砂浆饱满度不得小于80%。

(3)砖垛砌体的位置及垂直度允许偏差同砖墙砌体，砖柱砌体的位置及垂直度允许偏差应符合规定。

招式14 清水砖墙砌体工程施工技术

清水墙就是砖墙外墙面砌成后,只需要勾缝,不需要外墙面装饰,砌砖质量要求高,灰浆饱满,砖缝规范美观。相对混水墙而言,其外观质量要高很多,而强度要求则是一样的。

一、施工准备

第一步:准备合格的材料

(1)砖、蒸压灰砂砖、蒸压粉煤灰砖;砖的品种、强度等级必须符合设计要求,并应规格一致;产品有出厂合格证及复试单。

(2)水泥:宜采用强度等级32.5级普通硅酸盐水泥或矿渣硅酸盐水泥,产品应有出厂合格证及复试报告。

(3)砂:宜用中砂,并通过5mm筛孔。配制M5(含M5)以上砂浆,砂的含泥量不应超过5%;M5以下砂浆,砂的含泥量不应超过10%,不得含有草根等杂物。

(4)掺和料:有石灰膏、磨细生石灰粉、电石膏和粉煤灰等,石灰膏的熟化时间不应少于7d,严禁使用冻结或脱水硬化的石灰膏。

(5)水:应用自来水或不含有害物质的洁净水。

第二步:确保作业条件合格

(1)砌筑前,基础及防潮层应经验收合格,基础顶面弹好墙身轴线、墙边线、门窗洞口和柱子的位置线。

(2)办完地基基础工程隐蔽工程检手续。

(3)完成回填基础两侧及房心土方。

(4)在墙转角处、楼梯间及内外墙交接处,已按标高立好皮数杆;皮数杆的间距以15～20m为宜,并办好预检手续。

(5)砌筑部位(基础或楼板等)的灰渣、杂物清除干净,并浇水湿润。

二、施工步骤

第三步:确定施工流程

基础或下部结构验收→墙体放线→配制砂浆→排砖撂底→墙体盘角→

立皮数杆挂线→砌墙→勾缝→验收。

第四步：墙体放线

在砌筑过程中，要经常校核墙体的轴线和边线，当挂线过长，应检查是否达到平直通顺一致的要求，以防轴线产生位移。

清水墙砌筑排砖时，必须将立缝排匀，砌完一步高架子，每隔2m间距，应在丁砖立棱处用托线板吊直划线，二步架往上继续吊直弹粉线，由底往上所用2/3砖的长度应使一致；上层分窗口位置时必须同下层窗口保持垂直，以免墙面出现游丁走缝。

第五步：配置砂浆

砂浆配合比应由试验室确定，采用质量比，砌筑的砂浆必须机械搅拌均匀，随拌随用。水泥砂浆和混合砂浆分别应在3h和4h内使用完毕，细石混凝土应在2小时内用完。

水泥砂浆和水泥混合砂浆的搅拌时间不得少于规定时间，掺外加剂的砂浆不得少于3min，掺有机塑化剂的砂浆应为3~5分钟。同时还应具有较好的和易性和保水性，一般稠度以5~7cm为宜。外加剂和有机塑化剂的配料精度应控制在±2%以内，其他配料精度应控制在±5%以内。

第六步：拍砖摆底

砌清水墙应选择棱角整齐、无弯曲、裂缝及裂纹、颜色均匀、规格一致、敲击时声音响亮的砖。焙烧过火变色，变形的砖可用在基础及不影响外观的内墙上。

第七步：墙体盘角

砌筑时先盘角，每次不得超过5层，随盘随吊线，使砖的层数、灰缝厚度与皮数杆相符。

第八步：砌墙

砌一砖半厚及其以上的墙应两面挂线，一砖半厚以下的墙可单面挂线。线长时，中间应设支线点，拉紧线后，应穿线看平，使水平缝均匀一致，平直通顺。

实心清水墙墙体砌筑方法宜采用一顺一丁、梅花丁（沙包式）、三顺一丁、全顺（仅用于半砖墙）和全丁（仅用于圆弧面墙砌筑）等砌筑形式。

砌砖宜采用一铲灰、一块砖、一挤揉的"三一"砌砖法或采用铺浆法（包括挤浆法和靠浆法)。砖要砌得横平竖直,灰浆饱满,做到"上跟线,下跟棱,左右相邻要对平"。采用铺浆法砌筑时,铺浆长度不得超过500mm。清水墙面不得有三分头,不得游丁走缝。每砌五皮左右要用靠尺检查墙面垂直度和平整度,随时纠正偏差,严禁事后凿墙。

外墙转角处应同时砌筑,内外墙分开砌筑时必须留斜槎,槎长与高度的比不得小于2/3。临时间断处的高度差不得超过一步脚手架的高度。后砌隔墙、横墙和临时间断处留斜槎有困难时,可留阳槎,并沿墙高每隔500mm,每120mm墙厚预埋一根6钢筋,其埋入长度按设计要求,末端90°弯钩。

预留孔洞和穿墙等均应按设计要求砌筑,不得完后凿墙。墙体抗震拉结筋的位置、钢筋规格、数量、间距均应按设计要求留置,不应错放、漏放。

砌筑门窗口时,若先立门窗框,则砌砖应离开门窗框边3mm左右。若后塞门窗框,则应按弹好的位置砌筑(一般线宽比门窗实际尺寸大10~20mm)。

清水墙不得在上部任意变活、乱缝。在砌墙过程中,要认真进行自检,如出现偏差,应随时纠正,严禁事后砸墙。

第九步:勾缝

墙面勾缝一般宜用1:2水泥砂浆。勾凹缝时宜按"从上而下,先平(缝)后立(缝)"的顺序勾缝。勾凸缝时宜先勾立缝后勾平缝。勾缝前应清扫墙面上粘结的砂浆灰尘,并洒水湿润。对于瞎缝应先凿平,深度为6~8mm,然后勾缝,勾缝砂浆宜用细砂。对缺棱掉角的砖,应用与砖同色的砂浆修补。

第十步:质量检查

1. 砌体水平灰缝的砂浆饱满度不得小于80%。

2. 砖砌体的转角处和交接处应同时砌筑,严禁无可靠措施内外墙分砌施工。对不能同时砌筑而又必须留置的临时间断处应砌成斜槎,斜槎水平投影长度不应小于高度的2/3。

3 外墙转角处严禁留直槎,其他临时间断处留槎做法必须符合施工质量验收规范的规定。要求留槎正确,拉结钢筋设置数量、直径正确,竖向间距偏差不超过100mm,留置长度符合规定。

(5)清水砖砌体的位置及垂直度允许偏差应规定。

清水砖砌体的位置及垂直度允许偏差

项次	项目		允许偏差/mm	检查方法
1	轴线位置偏移		10	用经纬仪和尺检查
2	垂直度	每层	5	用2m托线板检查
		全高 ≤10m	10	用经纬仪、吊线和尺检查

招式15 空心墙(空斗墙)砌体工程施工工艺

空斗砖墙是由普通砖经平砌和侧砌相结合砌筑成为一个个"空斗"间墙的墙体。空斗墙的构造形式有无眠空斗(全部由斗砖层砌成)、一眠一斗(由一皮眠砖层和一皮斗砖层相隔砌成)、一眠二斗(由一皮眠砖层和二皮斗砖层相隔砌成)和一眠三斗(由一皮眠砖层和三皮斗砖层相隔砌成)。空斗砖具有用料省、自重轻和隔热、隔声性能好等优点,适用于1~3层民用建筑的承重墙或框架建筑的填充墙。

一、施工准备

第一步:准备合格的施工材料

第二步:确保合格的作业条件

(1)砌筑前,基础或下部结构应经验收合格。

(2)在墙转角处、楼梯间及内外墙交接处,已按标高立好皮数杆;皮数杆的间距以15~20m为宜,并办好预检手续。

(3)砌筑部位(基础或楼板等)的灰渣,杂物清除干净,并浇水湿润。

二、施工步骤

第三步:确定施工流程

基础或下部结构验收→墙体放线→配制砂浆→排砖摆底→墙体盘角→立杆挂线→砌墙→勾缝→验收

第四步:墙体防线

砌筑前,应在砌筑位置弹出墙边线及门窗洞口边线。并应在下列部位砌成实砌体(平砌或侧砌):

1)墙的转角处和交接处。

2)室内地坪以下的全部砌体,室内地坪和楼板面上3皮砖部分。

3)三层房屋外墙底层窗台标高以下部分。

4)楼板、圈梁和檩条等支承面下2~4皮砖的通长部分。

5)梁和屋架支撑处按设计要求的部分。

6)壁柱和洞口两侧240mm范围内。

7)屋檐和山墙压顶下的2皮砖部分。

8)楼梯间的墙、防火墙、挑檐以及烟道和管道较多的墙。

9)作填充墙时,与框架拉结筋的连接处、预埋件处。

第五步:排砖

按照图纸确定的几眠几斗先进行排砖,先从转角或交接处开始向一侧排砖,内外墙应同时排砖,纵横方向交错搭砌。空斗墙砌筑前必须进行试摆,不够整砖处,可加砌斗砖,不得砍凿斗砖。

第六步:选砖

应选用边角整齐、规格一致、颜色均匀、无翘曲和裂缝的整砖。

第七步:大角砌筑

空斗墙的外墙大角,须用普通砖砌成锯齿状与斗砖咬接。盘砌大角不宜过高,以不超过3个斗砖为宜,新盘的大角,及时进行吊靠。如有偏差要及时进行修整。大角平整度和垂直度符合要求后,挂线砌墙。

第八步:配置砂浆

砌筑的砂浆必须机械搅拌均匀,随拌随用。水泥砂浆和混合砂浆分别应在3小时和4小时内使用完毕。细石混凝土应在2小时内用完。水泥砂浆和水泥混合砂浆的搅拌时间不得少于规定时间,掺外加剂的砂浆不得少于规定时间,掺有机塑化剂的砂浆应为3~5分钟。同时还应具有较好的和易性和保水性,一般稠度以5~7cm为宜。外加剂和有机塑化剂的配料精度应控制在±2%以内,其他配料精度应控制在±5%以内。

第九步:挂线

砌筑必须双面挂线,如果长墙几人同时使用一根通线,中间应设几个支线点,小线要拉紧,一层一拉线,使水平缝均匀一致,平直通顺。

第十步:砌砖

砌空斗墙宜采用满刀披灰法。在有眠空斗墙中,眠砖层与丁砖接触处,除两端外,其余部分不得填塞砂浆;空斗墙的空斗内不填砂浆,墙面不应有竖向通缝。砖应提前1~2d浇水湿润。

第十一步:勾缝

水平灰缝厚度和竖向灰缝宽度应控制在10mm左右,但应不小于8mm,也不应大于12mm,灰缝应横平竖直。

水平灰缝的砂浆饱满度不得小于80%,竖缝要刮浆适宜,并加浆灌缝,不得出现透明缝,严禁用水冲浆灌缝。

空斗墙转角及纵横相交处应同时砌起,不得留槎。每天砌筑高度不应超过1.8m。

第十二步:质量检查

(1)砖和砂浆的强度等级必须符合设计要求。

(2)砌体水平灰缝的砂浆饱满度不得小于80%。

(3)砖砌体的转角处和交接处应同时砌筑,严禁无可靠措施内外墙分砌施工。

(4)外墙转角处严禁留直槎,其他临时间断处留槎做法必须符合施工质量验收规范的规定。要求留槎正确,拉结钢筋设置数量、直径正确,竖向间距偏差不超过100mm,留置长度符合规定。

温馨提示

1. 混水墙粗糙如何处理?

半头砖应分散使用在墙体较大的面上。首层或楼层的第一皮砖要查对皮数杆的标高及层高,防止到顶砌成螺丝墙。一砖厚墙应外手挂线。

2. 墙体日砌高度以多少为宜?

墙体日砌高度不宜超过1.8m。雨天不宜超过1.2m,雨天砌筑时,砂浆稠度应适当减少,收工时应将砌体顶部覆盖好。

第二章
12招教你成为铺砖能手
shierzhaojiaonichengweipuzhuannengsou

招式16：材料选择
招式17：工具准备
招式18：铺砖
招式19：常见质量问题解决
招式20：应注意的职业健康安全问题
招式21：马赛克饰面
……

99招让你成为
nishuigongnengshou

简单基础知识介绍

铺砖是什么？这个基本不用介绍，只要涉及工程装修，就需要铺砖，客厅、卧室等等，只要你能想到的地方都能铺砖，其目的在于美化与装饰。如何成为一名铺砖高手，详见下文，让你轻松学会。

行家出招

招式16 材料选择

（1）水泥32.5或42.5级矿渣水泥或普通硅酸盐水泥。应有出厂证明或复验合格单，若出厂日期超过三个月或水泥已结有小块的不得使用；白水泥应采用符合GB2015-91《白色硅酸盐水泥》标准中425号以上的，并符合设计和规范质量标准的要求。

（2）沙子：粗中砂，用前过筛，其他应符合规范的质量标准。

（3）面砖：面砖的表面应光洁、方正、平整、质地坚固，其品种、规格、尺寸、色泽、图案应均匀一致，必须符合设计规定。不得有缺棱、掉角、暗痕和裂纹等缺陷。其性能指标均应符合现行国家标准的规定，釉面砖的吸水率不得大于10%。

（4）石灰膏：用块状生石灰淋制，必须用孔径3mm×3mm的筛网过滤，并储存在沉淀池中，熟化时间，常温下不少于l5d，用于罩面灰，不少于30d，石灰膏内不得有未熟化的颗粒和其他物质。

（5）生石灰粉：磨细生石灰粉，其细度应通过4900孔/cm2筛子，用前应用水浸泡，其时间不少于3d。

（6）粉煤灰：细度过0.08mm筛，筛余量不大于5%；界面剂和矿物颜料：按设计要求配比，其质量应符合规范标准。

（7）粘贴面砖所用水泥、砂、胶粘剂等材料均应进行复验，合格后方可使用。

招式 17　工具准备

砂浆搅拌机、瓷砖切割机、磅秤、铁板、孔径 5mm 筛子、窗纱筛子、手推车、大桶、小水桶、平锹、木抹子、大杠、中杠、小杠、靠尺、方尺、铁制水平尺、灰槽、灰勺、毛刷、钢丝刷、笤帚、篓子、锤子、米线包、小白线、擦布或棉丝、钢片开刀、小灰铲、勾缝溜子、勾缝托灰板、托线板、线坠、盒尺、钉子、红铅笔、铅丝、工具袋等。

招式 18　铺砖

1. 排砖原则

(1) 开间方向要对称(垂直门口方向分中)。
(2) 破活尽量排在远离门口及隐蔽处,如:暖气罩下面。
(3) 为了排整砖,可以用分色砖调整。
(4) 与走廊的砖缝尽量对上,对不上时可以在门口处用分色砖分隔。
(5) 根据排砖原则画出排砖图。
(6) 有地漏的房间应注意坡度、坡向。

2. 铺砖

为了找好位置和标高,应从门口开始,纵向先铺 2~3 行砖,以此为标筋拉纵横水平标高线,铺时应从里面向外退着操作,人不得踏在刚铺好的砖面上,每块砖应跟线,操作程序是:

铺砌前将砖板块放入半截水桶中浸水湿润,晾干后表面无明水时,方可使用;

找平层上洒水湿润,均匀涂刷素水泥浆(水灰比为 0.4~0.5),涂刷面积不要过大,铺多少刷多少;

结合层的厚度:一般采用水泥砂浆结合层,厚度为 10~25mm;铺设厚度以放上面砖时高出面层标高线 3~4mm 为宜,铺好后用大杠尺刮平,再用抹子拍实找平(铺设面积不得过大);

结合层拌和:干硬性砂浆,配合比为 1:3(体积比),应随拌随用,初凝前用完,防止影响粘结质量。干硬性程度以手捏成团,落地即散为宜。

铺贴时,砖的背面朝上抹粘结砂浆,铺砌到已刷好的水泥浆:找平层上,砖上楞略高出水平标高线，找正、找直、找方后，砖上面垫木板，用橡皮锤拍实，顺序从内退着往外铺贴，做到面砖砂浆饱满、相接紧密、结实，与地漏相接处，用匀石机将砖加工成与地漏相吻合。铺地砖时最好一次铺一间，大面积施工时，应采取分段、分部位铺贴。

拨缝、修整：铺完二至三行，应随时拉线检查缝格的乎直度，如超出规定应立即修整，将缝拨直，并用橡皮锤拍实。此项工作应在结合层凝结之前完成。

勾缝、擦缝：面层铺贴应在24小时后进行勾缝、擦缝的工作，并应采用同品种、同标号、同颜色的水泥，或用专门的嵌缝材料。

勾缝：用1:1水泥细砂浆勾缝，缝内深度宜为砖厚的1/3，要求缝内砂浆密实、平整、光滑。随勾随将剩余水泥砂浆清走、擦净。

擦缝：如设计要求缝隙很小时，则要求接缝平直，在铺实修好的面层上用浆壶往缝内浇水泥浆，然后用干水泥撒在缝上，再用棉纱团擦揉，将缝隙擦满。最后将面层上的水泥浆擦干净。

养护：铺完砖24小时后，洒水养护，时间不应小于7天。

3. 镶贴踢脚板

踢脚板用砖，一般采用与地面块材同品种、同规格、不同颜色的材料，踢脚板的缝与地面缝形成骑马缝，铺设时应在房间的两端头阴角处各镶贴一块砖，出墙厚度和高度应符合设计要求，以此砖上楞为标准挂线，开始铺贴，砖背面朝上抹粘结砂浆（配合比1:2水泥砂浆），使砂浆粘满整块砖为宜，及时粘贴在墙上，砖上楞要跟线并立即拍实，随之将挤出的砂浆刮掉，将面层清擦干净（在粘贴前，砖块要浸水晒干，墙面刷水润湿）

4. 成品保护

在铺贴板块操作过程中，对已安装好的门框、管道都要加以保护，如门框钉装保护铁皮，运灰车采用窄车等；切割地砖时，不得在刚铺贴好的砖面层上操作；刚铺贴砂浆抗压强度达1.2MPa时，方可上人进行操作，但必须注意油漆、砂浆不得存放在板块上，铁管等硬器不得碰坏砖面层；喷浆时要对面层进行覆盖保护。

招式19 常见质量问题

1. 问题一：花岗石、大理石墙面饰面不平整，接缝不顺直

现象：板块接缝横不水平、竖不垂直，板缝大小不一，板缝两侧相邻板块高低不平；

原因分析：

1) 板块外形尺寸偏差大（设备、工艺、人为因素）；

2) 施工无准备（块料检查、挑选、试拼，施工标线不准确）；

预防措施

1) 专业厂商、专业设备批量加工生产板块；

2) 按标准规定检查进场石材的外观质量（规格尺寸、平面度、角度、外观缺陷）；

3) 对墙面板块进行专项装修设计（排列方式、分格、图案、接缝、构造大样、试拼）；

2. 问题二：室内抛光砖饰面不平整，缝格不顺直

现象：瓷砖墙面凹凸不平，瓷砖板缝横竖线条不顺直；

原因分析：

1) 瓷砖外观尺寸偏差较大；

2) 找平层不平整；

3) 镶贴无专项设计；

4) 板缝部分有砂浆，部分无砂浆，板缝隙的积累偏差也越大；

防治措施：

1) 瓷砖饰面工程专项设计；

2) 墙体（基层）必须清理干净，无油污（脱模剂）等；

3) 抹找平层前必须提前湿润；

3) 找平层严禁空鼓（找平层经过干缩期后进行质量检查，然后粘贴）；

3. 问题三：室内抛光砖墙面出现"破活"，细部粗糙

现象：非整砖部位（门窗周边等高低曲折的饰面部位）做工粗糙；

原因分析：

1) 无专项设计；

2）找平层几何尺寸偏差过大（找平层挂线、贴饼、冲筋以及面砖粘贴标线均挂小麻线，容易受风吹动和自重下挠的影响）；

3）切割粗糙，边角破损；

4）先粘贴瓷砖后安装管道，无专用钻孔工具管道的支、托架等，靠手锤打凿，使墙面瓷砖受到振动产生开裂、空鼓；

4. 问题四：开关、插座套割尺寸过大，露黑边；

防治措施：

1）瓷砖饰面工程应有专项设计；

2）在洞口处尽量减少整砖，减少切割，整块瓷砖应从窗台开始，往上下两端排砖，非整砖可能出现在门窗过梁、顶棚底或楼面线（为减少切割，尽量减少非整砖，有时可在窗台、门窗过梁等适当部位，插入宽度较窄的、不同色调的装饰腰线）；

3）在有洗脸盆、镜框的墙面，应以洗脸盆、镜框为中心，往两边排砖，阳角部位要排成整块砖，排不成整块砖的留在阴角，浴盆、水池等上口和阴阳角部位，宜使用配件砖；

4）墙面凸出物，管线穿过的孔洞、槽盒、管根、管卡等部位不得用碎砖粘贴，应用整砖上下左右对准孔洞套划好，套割吻合，凸出墙面边缘的厚度应一致；

5）在粘贴到管道支托架位置时，预留上下（或左右）两块瓷砖；

将管道的垂直（或水平）中心线延长投影到瓷砖墙面上，使投影线处于两块瓷砖的竖缝（或水平缝）上；

6）根据投影到两块瓷砖的竖缝或水平缝上的线确定管道穿墙及支、托架位置；

7）按照支、托架的厚度及穿墙管道的直径，从上下或左右方向量出距瓷砖边缘的距离，最后按此尺寸套割瓷砖粘贴；

8）为防止饰面出现"吊脚"，在墙面粘贴之前就应预先定好楼面线，宜地面板块压墙根板块；

配齐各种用途的切割工具（避免切割边出现"犬牙"破碎或歪斜）；钻小圆孔、开大圆孔洞应采用金刚石钻孔机，在安装管道后用专门的盖套掩饰开洞部位的缺陷；

9）切割边宜藏进找平层或被整砖压边，否则板块切割边应留有余量，然后在砂轮上磨边修正；

5.问题五:抛光砖墙面空鼓脱落

现象:瓷砖局部或较大面积的空鼓或瓷砖脱;

原因分析:

1)找平层空鼓(基层未处理干净、水泥砂浆强度低,水泥安定性不合格等);

2)瓷砖粘贴前浸泡时间不够,造成砂浆早期脱水;

3)瓷砖浸泡后未晾干,粘贴后产生浮动自坠;

4)砂浆收水后,对粘贴好的瓷砖进行纠偏移动,造成饰面空鼓;

预防措施:

1)墙体清理干净(无油污、脏迹、脱模剂等);

2)抹找平层前墙体表干里湿(墙体提前湿润,抹灰时墙面无水迹流淌);

3)混凝土基层可用界面处理剂处理基体表面,或用聚合物水泥砂浆做结合层,以提高界面间的粘结力;

4)找平层严禁空鼓(粘贴饰面砖前处理找平层的空鼓、裂缝等问题);

5)瓷砖清洗干净,用水浸泡至瓷砖不冒泡,待表面晾干后方可粘贴;

6)瓷砖粘贴砂浆厚度一般应控制在 6~10mm 左右,过厚或过薄均易产生空鼓(在砂浆中掺用 108 胶水,增强瓷砖与基层的粘结力,减薄粘结层的厚度);

施工顺序为先墙面后地面(墙面由下往上分层粘贴,先粘贴墙面,后粘阴角及阳角,其次粘压顶,最后粘底座阴角);

招式20 应注意的职业健康安全问题

(1)操作前检查脚手架和跳板是否搭设牢固,高度是否满足操作要求,合格后才能上架操作,凡不符合安全之处应及时修整。

(2)禁止穿硬底鞋、拖鞋、高跟鞋在架子上工作,架子上人不得集中在一起,工具要搁置稳定,以防止坠落伤人。

(3)在两层脚手架上操作时,应尽量避免在同一垂直线上工作,必须同时作业时,下层操作人员必须戴安全帽,并应设置防护措施。

(4)抹灰时应防止砂浆掉入眼内;采用竹片或钢筋固定八字靠尺板时,应防止竹片或钢筋回弹伤人。

（5）夜间临时用的移动照明灯，必须用安全电压。机械操作人员须培训持证上岗，现场一切机械设备，非机械操作人员一律禁止操作。

（6）饰面砖等用材料必须符合环保要求。

（7）禁止搭设飞跳板，严禁从高处往下乱投东西。脚手架严禁搭设在门窗、暖气片、水暖等管道上。

（8）雨后、春暖解冻时应及时检查外架子，防止沉陷出现险情。

（9）外架必须满搭安全网，各层设围栏。出入口应搭设人行通道。

招式21 马赛克饰面

第一步：确定施工流程

处理基层→弹线、标筋→摊铺水泥砂浆→铺贴→拍实→洒水、揭纸→拨缝、灌缝→清洁→养护。

第二步：排砖

依照设计图纸要求，对横竖装饰线、门窗洞等凹凸部分，以及墙角、墙垛、雨篷面等细部应进行全面安排，按整张锦砖排出排出分格线。分格横缝要与窗台、门窗选脸等相齐，并要校正水平，竖缝要在阳台、门窗口等阳角处以整张排列。这就要根据建筑施工图及结构的实际尺寸，精确几栓排砖模数，并绘制排砖大样图。

第三步：弹线与镶贴

弹线前，应抹好底灰，其做法同抹灰工程中的水泥砂浆做法。底灰应平整并划毛，阴阳角要垂直方正。然后根据排砖大样图在底灰上从上到下弹出若干水平线，在阴阳角及窗口边上弹出垂直线，在窗间墙、砖垛处弹出中心线、水平线和垂直线。镶帖时，对着水平线稳住水平尺板，然后在已湿润的底灰上刷素水泥浆一道，再抹2~3mm厚1:0.3水泥纸筋灰或1:1水泥砂浆，作为粘接层，并用靠尺刮平。同时将锦砖铺放在可放四张锦砖纸的木垫板上，底面朝上，向缝里撒满1:2干水泥砂，并用软毛刷子刷净表面浮砂，再薄涂一层1:0.3水泥纸筋灰粘结浆。然后逐张拿起，清理四边余灰，按齐在水平尺板上口，由下往上进行。

第四步：粘贴

或者直接将水泥砂浆作为粘结浆抹在纸板上，用抹子初步抹平至2–

3mm 厚,随粘随帖。帖完一组后,将分格条放在上口继续第二组。

第五步:拍实

粘贴后的锦砖,用拍板紧靠其上,然后用小锤敲击拍板,促使其粘结牢固。再用软毛刷浸水在锦砖护纸上刷水湿润。

第六步:揭纸

湿润后约半小时即可揭纸。揭纸时应按顺序用力往下揭,切忌向外猛揭。揭纸后检查锦砖粘结平直情况,用开刀拨正调直,并再用小锤敲击拍板一遍。

第七步:擦缝

粘贴后约二天,起分格条并擦缝。擦缝时用橡皮刮板,把与镶帖时同品中水泥砂浆在锦砖面上满刮一道,使缝隙饱满。擦缝后应及时清洗墙面。

招式22 墙面柱面贴瓷砖

一、施工准备

第一步:准备合格的材料

1. 水泥:325 号普通硅酸盐水泥或矿渣硅酸盐水泥。应有出厂证明或复试单,若出厂超过三个月,应按试验结果使用。

2. 白水泥:325 号白水泥。

3. 沙子:粗砂或中砂,用前过筛。

4. 瓷砖、陶瓷锦砖:应表面平整,颜色一致,每张长宽规格一致,尺寸正确,边棱整齐,一次进场。锦砖脱纸时间不得大于40min。

5. 石灰膏:应用块状生石灰淋制,淋制时必须用孔径不大于 3mm×3mm 的筛过滤,并贮存在沉淀池中。熟化时间,常温下一般不少于15d;用于罩面时,不应少于 30d。使用时,石灰膏内不得含有未熟化的颗粒和其他杂质。

6. 生石灰粉:抹灰用的石灰膏可用磨细生石灰粉代替,其细度应通过4900 孔/cm² 筛。

用于罩面时,熟化时间不应小于 3d。

7. 纸筋:用白纸筋或草纸筋,使用前三周应用水浸透捣烂。使用时宜用小钢磨磨细。

8. 聚乙烯醇缩甲醛(即界面剂)和矿物颜料等。

第二步：确保作业条件合格

1. 根据设计图纸要求，按照建筑物各部位的具体做法和工程量，事先挑选出颜色一致、同规格的陶瓷锦砖，分别堆放并保管好。

2. 预留孔洞及排水管等应处理完毕，门窗框、扇要固定好，并用1∶3水泥砂浆将缝隙堵塞严实。铝合金门窗框边缝所用嵌缝材料应符合设计要求，且塞堵密实，并事先粘贴好保护膜。

3. 脚手架或吊篮提前支搭好，最好选用双排架子（室外高层宜采用吊篮，多层亦可采用桥式架子等），其横竖杯及拉杆等应距离门窗口角150～200mm。架子的步高要符合施工要求。

4. 墙面基层要清理干净，脚手眼堵好。

二、施工步骤

第三步：确定施工流程

基层处理→吊垂直、套方、找规矩→贴灰饼→抹底子灰→弹控制线→贴陶瓷锦砖→揭纸、调缝→擦缝。

第四步：基层处理

首先将凸出墙面的混凝土剔平，对大钢模施工的混凝土墙面应凿毛，并用钢丝刷满刷一遍，再浇水湿润。如果基层混凝土很光滑，亦可采用"毛化处理"的办法，即先将表面尘土、污垢清理干净，用10%火碱水将墙面的油污刷掉，随之用净水将碱液冲净、晾干。然后用1∶1水泥细砂浆内掺水重20%的建筑胶，喷或用笤帚将砂浆甩到墙上，其甩点要均匀，终凝后浇水养护，直至水泥砂浆疙瘩全部粘到混凝土光面上，并具有较高的强度，用手掰不动为止。

第五步：抹底子灰

底子灰一般分两次操作，先刷一道掺水重15%的建筑胶水泥素浆，紧跟着抹头遍水泥砂浆，其配合比为1∶2.5或1∶3，并掺20%水泥重的建筑胶，薄薄的抹一层，用抹子压实。第二次用相同配合比的砂浆按冲筋抹平，用短杠刮平，低凹处事先填平补齐，最后用木抹子搓出麻面。底子灰抹完后，隔天浇水养护。

第六步：弹控制线

贴陶瓷锦砖前应放出施工大样，根据具体高度弹出若干条水平控制线，在弹水平线时，应计算将陶瓷锦砖的块数，使两线之间保持整砖数。如分格需按总高度均分，可根据设计与陶瓷锦砖的品种、规格定出缝子宽度，再加工分格条。但要注意同一墙面不得有一排以上的非整砖，并应将其镶贴在较隐蔽的部位。

第七步：贴陶瓷锦砖

镶贴应自上而下进行。高层建筑采取措施后,可分段进行。在每一分段或分块内的陶瓷锦砖,均为自下向上镶贴。贴陶瓷锦砖时底灰要浇水润湿,并在弹好水平线的下口上,支上一根垫尺,一般三人为一组进行操作。一人浇水润湿墙面,先刷上一道素水泥浆(内掺水重10%的界面剂);再抹2~3mm厚的混合灰粘结层,其配合比为纸筋:石灰膏:水泥=1:1:2(先把纸筋与石灰膏搅匀过3mm筛子,再和水泥搅匀),亦可采用1:0.3水泥纸筋灰,用靠尺板刮平,再用抹子抹平;另一人将陶瓷锦砖铺在木托板上(麻面朝上),缝子里灌上1:1水泥细砂子灰,用软毛刷子刷净麻面,再抹上薄薄一层灰浆。然后一张一张递给另一人,将四边灰刮掉,两手执住陶瓷锦砖上面,在已支好的垫尺上由下往上贴,缝子对齐,要注意按弹好的横竖线贴。如分格贴完一组,将米厘条放在上口线继续贴第二组。镶贴的高度应根据当时气温条件而定。

第八步：揭纸、调缝

贴完陶瓷锦砖的墙面,要一手拿拍板,靠在贴好的墙面上,一手拿锤子对拍板满敲一遍(敲实、敲平),然后将陶瓷锦砖上的纸用刷子刷上水,约等20~30min便可开始揭纸。揭开纸后检查缝子大小是否均匀,如出现歪斜、不正的缝子,应顺序拨正贴实,先横后竖、拨正拨直为止。

第九步：擦缝

粘贴后48小时,先用抹子把近似陶瓷锦砖颜色的擦缝水泥浆摊放在需擦缝的陶瓷锦砖上,然后用刮板将水泥浆往缝子里刮满、刮实、刮严,再用麻丝和擦布将表面擦净。遗留在缝子里的浮砂可用潮湿干净的软毛刷轻轻带出,如需清洗饰面时,应待勾缝材料硬化后方可进行。起出米厘条的缝子要用1:1水泥砂浆勾严勾平,再用擦布擦净。

第十步：成品保护

1. 镶贴好的瓷砖、墙面,应有切实可靠的防止污染的措施;同时要及时清擦干净残留在门窗框、扇上的砂浆。特别是铝合金门窗框、扇,事先应粘贴好保护膜,预防污染。

2. 各抹灰层在凝结前应防止风干、暴晒、水冲、撞击和振动。

3. 少数工种(水电、通风、设备安装等)的各种活应做在陶瓷锦砖镶贴之前,防止损坏面砖。

4. 拆除架子时注意不要碰撞墙面。

招式 23 十五步解决内墙贴面砖

一、施工准备

第一步：准备好材料

面砖：面砖应采用合格品，其表面应光洁、方正、平整、质地坚硬，品种规格、尺寸、色泽、图案及各项性能指标必须符合设计要求。并应有产品质量合格证明和近期质量检测报告。

水泥：32.5 或 42.5 级普通硅酸盐或矿渣硅酸水泥及 32.5 级以上的白水泥，并符合设计和规范质量标准的要求。应有出厂合格证及复验合格试单，出厂日期超过三个月而且水泥结有小块的不得使用。

沙子：中砂，含泥量不大于 3%，颗粒坚硬、干净、过筛。

石灰膏：用块状生石灰淋制，必须用孔径不大于 3mm×3mm 的筛网过滤，并贮存在沉淀池中熟化，常温下一般不少于 15d；用于罩面灰，熟化时间不应小于 30d。用时，石灰膏内不得有未熟化的颗粒和其他杂质。

第二步：确保作业条件合格

墙顶抹灰完毕，已做好墙面防水层、保护层和底面防水层、混凝土垫层。

已完成了内隔墙，水电管线已安装，堵实抹平脚手眼和管洞等。

门、窗扇，已按设计及规范要求堵塞门窗框与洞口缝隙。铝合金门窗框已做好保护（一般采用塑料薄膜保护）。

脸盆架、镜钩、管卡、水箱等已埋设好防腐木砖，位置要准确。

弹出墙面上 +50cm 水平基准线。

搭设双排脚手架或搭高马凳，横竖杆或马凳端头应离开窗口角和墙面 150~200mm 距离，架子步高和马凳高、长度应符合使用要求。

第三步：确定施工流程

在保证材料和确保施工条件合格后，就可进入施工程序。首先，应将施工流程梳理好，再按部就班的操作。

施工流序：基层处理、抹底子灰→排砖弹线→选砖、浸砖→镶砖釉面砖→擦缝→清理。

镶贴顺序：先墙面，后地面。墙面由下往上分层粘贴，先粘墙面砖，后粘阴角及阳角，其次粘压顶，最后粘底座阴角。

二、施工步骤

第四步：基层处理

光滑的基层表面已凿毛,其深度为 0.5～1.5cm,间距 3cm 左右。基层表面残存的灰浆、灰尘、油渍等已清洗干净。

基层表面明显凹凸处,应事先用 1:3 水泥砂浆找平或剔平。不同材料的基层表面相接处,已先铺钉金属网。

为使基层与找平层粘贴牢固,已在抹找平层前先洒聚合水泥浆(108 胶:水 = 1:4 的胶水拌水泥)处理。

基层加气混凝土,清洁基层表面后已刷 108 胶水溶液一遍,并满钉锌机织钢丝网(孔径 32mm × 32mm,丝径 0.7mm,6 扒钉,钉距纵横不大于 600mm),再抹 1:1:4 水泥混合砂浆粘结层及 1:2.5 水泥砂浆找平层。

第五步：预排

饰面砖镶贴前应预排。预排要注意同一墙面的横竖排列,均不得有一行以上的非整砖。非整砖行应排在次要部位或阴角处,排砖时可用调整砖缝宽度的方法解决。在管线、灯具、卫生设备支承等部位,应用整砖套割吻合,不得用非整砖拼凑镶贴,以保证饰面的美观。

釉面砖的排列方法有"直线"排列和"错缝"排列两种。

第六步：弹线

依照室内标准水平线,找出地面标高,按贴砖的面积,计算纵横的皮数,用水平尺找平,并弹出釉面砖的水平和垂直控制线。如用阴阳三角镶边时,则将镶边位置预先分配好。横向不足整块的部分,留在最下一皮于地面连接处。

第七步：做灰饼、标志

为了控制整个镶贴釉面砖表面平整度,正式镶贴前,在墙上粘废釉面砖作为标志块,上下用托线板挂直,作为粘贴厚度的依据,横镶每隔 15m 左右做一个标志块,用拉线或靠尺校正平整度。在门洞口或阳角处,如有阴三角镶过时,则应将尺寸留出先铺贴一侧的墙面,并用托线板校正靠直。如无镶边,应双面挂直。

第八步：浸砖和湿润墙面

釉面砖粘贴前应放入清水中浸泡 2h 以上,然后取出晾干,至手按砖背无水迹时方可粘贴。

第九步：配制粘贴砂浆

(1) 水泥砂浆 以配比为 1:2(体积比)水泥砂浆为宜。

(2) 水泥石灰砂浆 在1∶2(体积比)的水泥砂浆中加入少量石灰膏,以增加粘结砂浆的保水性和易性。

(3) 聚合物水泥砂浆 在1∶2(体积比)的水泥砂浆中掺入约为水泥量2%~3%的108胶(108胶掺量不可盲目增大,否则会降低粘贴层的强度),以使砂浆有较好的和易性和保水性。

第十步:大面镶粘

在釉面砖背面满抹灰浆,四周刮成斜面,厚度5mm左右,注意边角满浆。贴于墙面的釉面砖就位后应用力按压,并用灰铲木柄轻击砖面,使釉面砖紧密粘于墙面。

铺贴完整行的釉面砖后,再用长靠尺横向校正一次。对高于标志块的应轻轻敲击,使其平整;若低于标志(即亏灰)时,应取下釉面砖,重新抹满刀灰铺贴,不得在砖口处塞灰,否则会产生空鼓。然后依次按以上方法往上铺贴。

第十一步:细部处理

在有洗脸盆、镜箱、肥皂盒等的墙面,应按脸盆下水管部位分中,往两边排砖。肥皂盒可按预定尺寸和砖数排砖。

第十二步:勾缝

墙面釉面砖用白色水泥浆擦缝,用布将缝内的素浆擦匀。

第十三步:擦洗

勾缝后用抹布将砖面擦净。如砖面污染严重,可用稀盐酸清洗后用清水冲洗干净。

第十四步:质量检查

1)饰面砖的品种、规格、颜色和性能应符合设计要求。

检验方法:观察;检查产品合格证书、进场验收记录,性能检测报告和复验报告。

饰面砖粘贴工程的找平、防水、粘结和勾缝材料及施工方法应符合设计要求及国家现行产品标准和工程技术标准的规定。

检验方法:检查产品合格证书、复验报告和隐蔽工程验收记录。

2)饰面砖粘贴必须牢固。

检验方法:检查样板粘结强度检测报告和施工记录。

3)满粘法施工的饰面砖工程应无空鼓、裂缝。

检验方法:观察;用小锤轻击检查。

4)饰面砖表面应平整、洁净、色泽一致,无裂痕和缺损。

检验方法:观察。

5)阴阳角处搭接方式、非整砖使用部位应符合设计要求。

检验方法:观察。

6)墙面突出物周围的饰面砖套割吻合,边缘应整齐。墙裙、贴脸突出墙面的厚度应一致。

检验方法:观察;尺量检查。

7)饰面砖接缝应平直、光滑、填嵌应连续、密实;宽度和深度应符合设计要求。

检验方法:观察;尺量检查。

8)饰面砖粘贴的允许偏差和检验方法应符合下表的规定。

内墙饰面砖粘贴的允许偏差和检验方法

项次项目	允许偏差(mm) 内墙面砖	检验方法
立面垂直度	2	用2m垂直检测尺检查
表面平整度	3	用2m靠尺和塞尺检查
阴阳角方正	3	用直角检测尺检查
接缝直线度	2	拉5m线,不足5m拉通线,用钢直尺检查
接缝高低差	0.5	用钢直尺和塞尺检查
接缝宽度	1	用钢直尺检查

第十五步:成品保护

(1)要及时清擦干净残留在门框上的砂浆,特别是铝合金等门窗宜粘贴保护膜,预防污染、锈蚀,施工人员应加以保护,不得碰坏。

(2)认真贯彻合理的施工顺序,少数工种(水、电、通风、设备安装等)的活应做在前面,防止损坏面砖。

(3)泊漆粉刷不得将泊漆喷滴在已完的饰面砖上,如果面砖上部为涂料,宜先做涂料,然后贴面砖,以免污染墙面。若需先做面砖时,完工后必须采取贴纸或塑料薄膜等措施,防止污染。

(4)各抹灰层在凝结前应防止风干、水冲和振动,以保证各层有足够的强度。

(5)搬、拆架子时注意不要碰撞墙面。

(6)装饰材料和饰件以及饰面的构件,在运输、保管和施工过程中,必须采取措施防止损坏。

招式24 十一个步骤轻松学会墙面贴陶瓷锦砖

一、施工准备

第一步：准备好材料

陶瓷锦砖，应表面平整，颜色一致，每张长宽规格一致，尺寸正确，边棱整齐。锦砖脱纸时间不得大于40min。

水泥。强度等级为32.5的普通硅酸盐水泥和白色硅酸盐水泥，其水泥强度、水泥安定性、凝结时间取样复验应合格，无结块现象。

石灰膏。合格品，应熟化15~20d，无杂质。

砂。中砂或粗砂，含泥量应不大于3%，过筛；细砂（用于干缝洒灰润湿法），含泥量应小于3%，过窗纱筛。

第二步：确保作业条件合格

主体结构施工已完，并通过了验收；墙面基层已清理干净，脚手眼已堵好；墙面预留孔及排水管已处理完毕，门窗框已固定好，框与洞口周边缝隙用聚氨酯泡沫（俗称"建筑摩丝"）堵塞好；门窗框扇贴好了保护膜；双排脚手架已搭设，并已检查验收。

二、施工步骤

第三步：确定施工流程

基层处理→找平层抹灰→弹水平及竖向分格缝→陶瓷锦砖括浆→铺贴陶瓷锦砖→拍板赶缝→湿纸→揭纸→检查调整→擦缝→清洗→喷水养护。

第四步：基层处理

1. 砖墙面

抹底子灰前将墙面清扫干净，检查处理好窗台和窗套、腰线等损坏和松动部位，浇水湿润墙面。

2. 混凝土墙面

将墙面的松散混凝土、砂浆杂物清除干净，凸起部位应凿平。光滑墙面要用打毛机进行毛化处理。墙面浇水润湿后，用1:1水泥砂浆（内掺水泥重量3%~5%的108胶）刮2~3mm厚腻子灰一遍，或甩水泥细砂砂浆，以增加粘结力。

第五步:找平层抹灰

1. 砖墙面

墙面湿水后,用1∶3水泥砂浆(体积比)分层打底作找平层,厚度12~15mm,按冲筋抹平。随后用木抹子搓毛,干燥天气应洒水养护。如为加气混凝土块,抹底层砂浆前墙面应洒水刷一道界面处理剂,随刷随抹。

2. 混凝土面

在墙面洒水刷一道界面处理剂,分层抹1∶2.5水泥砂浆(体积比)找平层,厚度为10~12mm,平冲筋面。如厚度超过12mm,应采取钉网格加强措施分层抹压,表面要搓毛并洒水养护。

第六步:弹线

弹线之前应进行选砖、排砖(排版)。分格必须依照建筑施工图横竖装饰线,在门窗洞、窗台、挑檐、腰线等部位进行全面安排。分格之横缝应与窗台、门窗石相平,竖向分格线要求在阳台及窗口边都为整联排列。弹线应在找平层完成并经检查达到合格标准后进行,先按排砖大样,弹出墙面阳角垂线与镶贴上口水平线(两条基线),再按每联锦砖一道弹出水平分格线;按每联或2~3联锦砖一道弹出垂直分格线。

第七步:粘贴

粘贴陶瓷锦砖时,一般自上而下进行。在抹粘结层之前,应在湿润的找平层上刷素水泥浆一遍,抹3mm厚1∶1∶2纸筋石灰膏水泥混合浆粘结层。待粘结层用手按压无坑印即在其上弹线分格。同时,将每联陶瓷锦砖铺在木板上(底面朝上),用湿棉纱将锦砖粘结面擦拭干净,再用小刷蘸清水刷一道,随即在锦砖粘贴面刮一层2mm厚的水泥浆,边刮边用铁抹子向下挤压,并轻敲木板振捣,使水泥浆充盈拼缝内,排出气泡。水泥浆的水灰比应控制在0.3~0.35之间。然后,在粘结层上刷水、润湿,将锦砖按线、靠尺粘贴在墙面上,并用木锤轻轻拍敲按压,使其粘牢。

第八步:揭纸、调整

锦砖应按缝对齐,联与联之间的距离应与每联排缝一致,再将硬木板放在已贴好的锦砖纸面上,用小木锤敲击硬木板,逐联满敲一遍,保证贴面平整。待粘结层开始凝固(一般1~2h)即可在锦砖护面纸上用软毛刷刷水浸润。护面纸吸水泡开后便可揭纸。揭纸应先试揭。揭纸应仔细按顺序用力向下揭,切忌往外猛揭。

揭约后如有个别小块粒掉下应立即补上。如果发现"跳块"或"瞎缝",应及时用钢刀拨开复位,使缝隙横平、竖直,填缝后,再垫木拍板将砖面拍实一遍,以增加粘结。此项工作须在水泥初凝前做完。

第九步:擦缝、清洗

擦缝应先用橡皮刮板,用与镶贴时同品种、同颜色、同稠度的素水泥浆在锦砖上满刮一遍,个别部位尚须用棉纱头蘸浆嵌补。擦缝后素浆严重污染了锦砖表面,必须及时清理清洗。清洗墙面应在锦砖粘结层和勾缝砂浆终凝后进行。

第十步:质量检查

1. 锦砖的品种、规格、颜色和性能应符合设计要求。

检验方法:观察;检查产品合格证书、进场验收记录,性能检测报告和复验报告。

2. 锦砖粘贴工程的找平、防水、粘结和勾缝材料及施工方法应符合设计要求及国家现行产品标准和工程技术标准的规定。

检验方法:检查产品合格证书、复验报告和隐蔽工程验收记录。

3. 锦砖粘贴必须牢固。

检验方法:检查样板件粘结强度检测报告和施工记录。

4. 满粘法施工的锦砖工程应无空鼓、裂缝。

检验方法:观察;用小锤轻击检查。

5. 锦砖表面应平整、洁净、色泽一致,无裂痕和缺损。

检验方法:观察。

6. 阴阳角处搭接方式、非整砖使用部位应符合设计要求。

检验方法:观察。

7. 墙面突出物周围的锦砖应整砖套割吻合,边缘应整齐。墙裙、贴脸突出墙面的厚度应一致。

检验方法:观察;尺量检查。

8. 锦砖接缝应平直、光滑,填嵌应连续、密实,宽度和深度应符合设计要求。

检验方法:观察;尺量检查。

9. 有排水要求的部位应做滴水线(槽)。滴水线(槽)应顺直,流水坡向应正确,坡度应符合设计要求。

检验方法:观察;用水平尺检查。

10.外墙锦砖粘贴的允许偏差和检验方法应符合下表的规定。

外墙锦砖粘贴的允许偏差和检验方法

项次项目	允许偏差(mm) 内墙面砖	检验方法
立面垂直度	3	用2m垂直检测尺检查
表面平整度	4	用2m靠尺和塞尺检查
阴阳角方正	3	用直角检测尺检查
接缝直线度	3	拉5m线,不足5m拉通线,用钢直尺检查
接缝高低差	1	用钢直尺和塞尺检查
接缝宽度	1	用钢直尺检查

第十一步:成品保护

(1)镶贴好的陶瓷锦砖墙面,应有切实可靠的防止污染的措施;同时要及时清擦干净残留在门窗框、扇上的砂浆。特别是铝合金塑钢等门窗框、扇,事先应粘贴好保护膜,预防污染。

(2)每层抹灰层在凝结前应防止风干、暴晒、水冲、撞击和振动。

(3)少数工种的各种施工作业应做在陶瓷锦砖镶贴之前,防止损坏面砖。

(4)拆除架子时注意不要碰撞墙面。

(5)合理安排施工程序,避免相互间的污染。

招式25 金属饰面板铺设不再难

一、施工准备

第一步:准备合格的材料

板材的品种、规格、颜色以及防火、防腐处理应符合设计要求,应具有产品出厂合格证和材料检测报告。

1.龙骨:应根据设计要求确定龙骨的材质、规格、型号。龙骨应具有产品出厂合格证和材料检验报告,有复试要求的材料,还应具有复试报告。膨胀螺栓、铁垫板、垫圈、螺栓、各附件、配件的质量符合设计要求。

2.嵌缝材料:嵌缝材料的种类应符合设计要求,必须具有产品合格证和材料检测报告,同时其技术性能应符合现行国家标准的规定。并应有相容性试验报告。

第二步:确保作业条件合格

主体结构施工验收合格,门、窗框已安装完成,各种专业管线已安装完成,基层处理完成并通过隐蔽验收。

饰面板及骨架材料已进场,经检验其质量、规格、品种、数量、力学性能和物理性能符合设计要求和国家现行有关标准。

其他配套材料进场,并经检验复试合格。

施工所需的脚手架已经搭设完,垂直运输设备已安装好,符合使用要求和安全规定,并经检验合格。

现场材料库房及加工场地准备好,板材加工平台及加工机械设备已安装调试完毕。

熟悉施工图纸及设计说明,根据现场施工条件进行必要的测量放线,对各个标高、各种洞口的尺寸、位置进行校核。

二、施工步骤

第三步:确定施工流程

放线→饰面板加工→埋件安装→骨架安装→骨架防腐→保温、吸音层安装→金属饰面板安装→板缝打胶→板面清洁

第四步:放线

根据设计图和建筑物轴线、水平标高控制线,弹垂直线、水平线、标高控制线。然后根据深化设计的排版、骨架大样图测设墙、柱面上的饰面板安装位置线、顶棚标高线、门洞口尺寸线、龙骨安装位置线。

第五步:饰面板加工

根据设计图纸和深化设计排版图的要求,对板材进行加工,并根据需求进行固定边角、安装插挂件或安装加强肋。

第六步:埋件安装

混凝土墙、柱上埋件安装:按已测量弹好的墙、柱面板安装面层线和排版图尺寸,在混凝土墙上的相应位置处,用冲击钻钻孔,安放膨胀螺栓,固定角钢连接件。

一般结构墙上埋件安装:基体为陶粒砖墙或其他二次结构墙时,如墙面有预埋钢筋,则用$\varnothing 10$钢筋通长横向布置,与预埋钢筋焊接成一体,作为竖向龙骨的连接件。如墙面无预埋钢筋,将陶粒砖剔开一个洞,用$\varnothing 20$混凝土将

预埋钢板浇筑埋入,作为竖向龙骨的连接件。混凝土达到一定强度后,在预埋钢板上焊角钢连接件。

第七步:骨架安装

墙、柱面骨架安装:将竖向龙骨置于埋好的墙面连接件中,根据饰面板块厚度和弹好的成活面层控制线调整位置,并用2m拖线板靠吊垂直后,用螺栓固定。在竖向龙骨安装检验完毕后,按板块高度尺寸安装水平龙骨,并与竖向龙骨焊成同一平面。

骨架防腐:金属骨架均应有防腐涂层,所有焊接和防腐涂层被破坏部位应涂刷两道防锈漆,并办理隐蔽工程验收,经监理单位检验验收签认后,方可进行下道工序。

金属饰面板安装:墙、柱面饰面板安装前,操作人员应戴干净手套防止污染板面和划伤手臂。安装时应先下后上,从一端向另一端,逐步进行。具体施工如下:

按排板图划出龙骨上插件的安装位置,用自攻螺钉将插挂件固定于龙骨上,并确保龙骨与板上插挂件的位置吻合,固定牢固。

龙骨插件安装完毕后,全面检验固定的牢固性及龙骨整体垂直度、平整度。并检验、修补防腐,对金属件及破损的防腐涂层补刷防锈漆。

金属饰面板安装过程中,板块缝之间塞填同等厚度的铝垫片保证缝隙宽度均匀一致。并应采用边安装、边调整垂直度、水平度、接缝宽度和临板高低差,以保证整体施工质量。

第八步:板缝打胶

金属饰面板全部装完后,在板缝内填塞泡沫棒,胶缝两边粘好胶纸,然后用硅酮耐候密封胶封闭。

第九步:板面清洁

在拆架子之前将保护膜撕掉,用脱胶剂清除胶痕并用中性清洗剂清洁板面。

第十步:质量检查

1)金属饰面板的品种、规格、颜色、应符合设计要求,木龙骨的燃烧性能等级应符合设计要求。

检验方法:观察;检查产品合格证书、进场验收记录和性能检测报告。

2)金属饰面板孔、槽数量、位置和尺寸符合设计要求。

检验方法:检查进场验收记录和施工记录。

3)金属饰面板安装工程预埋件或后置埋件、连接件的数量、规格、位置、连接方法和防腐处理必须符合设计要求。安装必须牢固。后置埋件的现场拉拔检测值必须符合设计要求。

检验方法:手板检查;检查进场验收记录、现场拉拔检测报告、隐蔽工程验收记录和施工记录。

4)金属饰面板应平整、洁净、色泽一致,无划痕。

检验方法:观察。

5)金属饰面板嵌缝应密实、平直,宽度和深度应符合设计要求,嵌缝材料应色泽一致。

检验方法:观察;尺量检查。

6)金属饰面板上的孔洞套割吻合、边缘整齐。

检验方法:观察。

7)金属饰面安装的允许偏差和检验方法见下表:

金属饰面安装的允许偏差和检验方法

项 目	允许偏差(mm)	检验方法
立面垂直度	2.0	用2m垂直检测尺检查
表面平整度	3.0	用2m靠尺和塞尺检查
阴阳角方正	3.0	用直角检测尺检查
接缝直线度	1.0	拉5m线,不足5m拉通线,用钢直尺检查
墙裙、勒脚上口直线度	2.0	拉5m线,不足5m拉通线,用钢直尺检查
接缝高低差	1.0	用钢板尺和塞尺检查
接缝宽度	1.0	用钢直尺检查

第十一步:成品保护

金属饰面板、骨架及其材料入场后,应存入库房内码防整齐,上面不得放置重物。露天存放应进行苦盖。保证各种材料不变形、不受潮、不生锈、不被污染、不脱色、不掉漆。

施工当中注意保护金属饰面板板面,防止意外碰撞、划伤、污染,通道部分的板面应及时用纤维板附贴进行防护(高度2m),板外0.5~1m处设置护栏,并设专人保护。

金属饰面板安装区域有焊接作业时,需将板面进行有效覆盖。

加工、安装过程中,铝板保护膜如有脱落要及时补贴。加工操作台上需铺一层软垫,防止划伤金属饰面板。

招式26 大理石、花岗石施工

一、施工准备

第一步:准备合格的材料及机具

1. 水泥:硅酸盐水泥、普通硅酸盐水泥或矿渣硅酸盐水泥其强度等级不低于32.5,严禁不同品种、不同强度等级的水泥混用。水泥进场有产品合格证和出厂检验报告,进场后应进行取样复试。当对水泥质量有怀疑或水泥出厂超过3个月时,在使用前应进行复试,并按复试结果使用。

2. 白水泥:白色硅酸盐水泥强度等级不小于32.5,其质量应符合现行国家标准的规定。

3. 沙子:宜采用平均粒径为0.35~0.5mm的中砂,含泥量不大于3%,用前过筛,筛后保持洁净。

4. 石材:石材的材质、品种、规格、颜色及花纹应符合设计要求。并应符合国家现行标准的规定,应有出厂合格证和性能检测报告。

天然大理石和花岗石的放射性指标限量应符合现行国家标准《民用建筑工程室内环境污染控制规范》GB50325的规定。

5. 辅料:熟石膏、铜丝;与大理石或花岗石颜色接近的矿物颜米;胶粘剂和填塞饰面板缝隙的专用嵌缝棒(条),石材防护剂、石材胶粘剂。防腐涂料应有出厂合格证和使用说明,并应符合环保要求。各种胶应进行相容性试验。

6. 主要机具:

石材切割机、砂轮切割机、云石机、磨光机、角磨机、冲击钻、电焊机、注胶枪、吸盘、射钉抢、铁抹子、钢尺、靠尺、方尺、塞尺、托线板、水平尺等。

第二步:确保作业条件合格

主体结构施工完成并经检验合格,结构基层已经处理完成并验收合格。

石材已经进场,其质量、规格、品种、数量、力学性能和物理性能符合设计要求和国家现行标准,石材表面应涂刷防护剂。

其他配套材料已进场,并经检验复试合格。

墙、柱面上的各种专业管线、设备、预留预埋件已安装完成,经检验合格,并办理交接手续。

门、窗已安装完,各处水平标高控制线测设完毕,并预检合格。

施工所需的脚手架已经搭设完,垂直运输设备已安装好,符合使用要求和安全规定,并经检验合格。

施工现场所需的临时用水、用电、各种工、机具准备就绪。

熟悉施工图纸及设计说明,根据现场施工条件进行必要的测量放线,对各个标高、各种洞口的尺寸、位置进行校核。

二、施工步骤

第三步:确定施工流程

弹线→试排试拼块材→石材钻孔、剔卧铜丝→穿铜丝→石材表面处理→绑焊钢筋网→安装石材板块→分层灌浆→擦缝、清理打蜡。

第四步:弹线

先将石材饰面的墙、柱面和门窗套从上至下找垂直弹线。并应考虑石材厚度、灌注砂浆的空隙和钢筋网所占的尺寸。找好垂直后,先在地、顶面上弹出石材安装外廓尺寸线(柱面和门窗套等同)。此线即为控制石材安装时外表面基准线。

第五步:试排试拼块材

将石材摆放在光线好的平整地面上,调整石材的颜色、纹理,并注意同一立面不得有一排以上的非整块石材,且应将非整块石材放在较隐蔽的部位。然后在石材背面按两个排列方向统一编号,并按编号码放整齐。

第六步:石材钻孔、剔卧铜丝

将已编好号的饰面板放在操作支架上,用钻在板材上、下两个侧边上钻孔。通常每个侧边打两个孔,当板材宽度较大时,应增加孔数,孔间距应不大于600mm。钻孔后用云石机在板背面的垂直钻孔方向上切一道槽,并切透孔壁,与钻孔形成象鼻眼,以备埋卧铜丝。当饰面板规格较大,施工中下端不好绑铜丝时,可在未镶贴饰面板的一侧,用云石机在板上、下各开一槽,槽长约30～40mm,槽深约12mm与饰面板背面打通。在板厚方向竖槽一般居中,亦可偏外,但不得损坏石材饰面和不造成石材表面泛碱,将铜丝卧入槽内,与钢筋网固定。

第七步:穿铜丝

将直径不小于1mm的铜丝剪成长200m左右的段,铜丝一端从板后的槽孔穿进孔内,铜丝打回头后用胶粘剂固定牢固,另一端从板后的槽孔穿出,弯曲卧入槽内。铜丝穿好后石材板的上、下侧边不得有铜丝突出,以便和相邻石板接缝严密。

第八步:石材表面处理

用石材防护剂对石材除正面外的五个面进行防止泛碱的防护处理,石材正面涂刷防污剂。

第九步:绑焊钢筋网

墙(柱)面上,竖向钢筋与预埋筋焊牢(混凝土基层可用膨胀螺栓代替预埋筋),横向钢筋与竖筋绑扎牢固。横、竖筋的规格、布置间距应符合设计要求,并与石材板块规格相适宜,一般宜采用不小于 φ6 的钢筋。最下一道横筋宜设在地面以上 100mm 处,用于绑扎第一层板材的下端固定铜丝,第二道横筋绑在比石板上口低 20~30mm 处,以便绑扎第一层板材上口的固定铜丝。再向上即可按石材板块规格均匀布置。

第十步:安装石材板块

按编号将石板就位,把石板下口铜丝绑扎在钢筋网上。然后把石板竖起立正,绑扎石板上口的铜丝,并用木楔垫稳。石材与基层墙柱面间的灌浆缝一般为 30~50mm。用检测尺进行检查,调整木楔,使石材表面平整、立面垂直,接缝均匀顺直。最后逐块从一个方向依次向另一个方向进行。第一层全部安装完毕后,检查垂直、水平、表面平整、阴阳角方正、上口平直、缝隙宽窄一致、均匀顺直,确认符合要求后,将石板临时粘贴固定。

第十一步:分层灌浆

将拌制好的 1:2.5 水泥砂浆,倒入石材与基层墙柱面间的灌浆缝内,边灌边用钢筋棍插捣密实,并用橡皮锤轻轻敲击石板面,使砂浆内的气体排出。第一次浇高度一般为 150mm,但不得超过石板高度的 1/3。第一次灌入砂浆初凝(一般为 1~2h)后,应再进行一遍检查,检查合格后进行第二次灌浆。第二次灌浆高度一般 200~300mm 为宜,砂浆初凝后进行第三次灌浆,第三次灌浆至低于板上口 50~70mm 处。

第十二步:擦缝、清理打蜡

全部石板安装完毕后,清除表面和板缝内的临时固定石膏及多余砂浆,用麻布将石材板面擦洗干净,然后按设计要求嵌缝材料的品种、颜色、形式进行嵌缝,边嵌边擦,使缝隙密实、宽窄一致、均匀顺直、干净整齐、颜色协调。最后将大理石、花岗石进行打蜡。

第十三步:质量检查

1.石材饰面板的品种、规格、颜色、图案和性能必须符合设计要求和国家环保规定,用于室内的石材,应进行放射性能指标复试。

检验方法:观察;检验产品合格证书、进场验收记录和性能检测报告。

2.石材饰面板孔、槽的数量、位置和尺寸应符合设计要求。

检验方法:检验进场验收记录和施工记录。

3.石材饰面板安装工程的预埋件(或后置埋件)和连接件的数量、规格、位置、连接方法和防腐处理必须符合设计要求。后置埋件的现场拉拔强度必须符合设计要求。饰面板安装必须牢固。

检验方法:手板检查;检查进场验收记录、现场拉拔检测报告、隐蔽工程验收记录和施工记录。

4.石材面板的接缝、嵌缝做法应符合设计要求。

检验方法:观察;

5.石材饰面板的排列应符合设计要求,应尽量使饰面板排列合理、整齐、美观,非整块宜排在不明显处。

检验方法:观察。

6.石材饰面板表面平整、洁净、色泽一致,无裂痕和缺损。石材表面应无泛碱等污染。

检验方法:观察。

7.石材饰面板嵌缝应密实、平直、宽度和深度应符合设计要求,嵌填材料色泽应一致。

检验方法:观察;尺量检查。

8.石材饰面板上的孔洞应套割吻合,边缘应整齐。

检验方法:观察。

9.石材饰面板应进行防碱背涂处理。石材与基体间的灌注材料应饱满、密实。

检验方法:用小锤轻击检查、检查施工记录。

10.石材饰面板安装的允许偏差和检验方法见下表:

室内、外墙面石材湿贴允许偏差和检验方法

项 目	允许偏差(mm)		检验方法
	光 面	粗 面	
立面垂直度	2.0	3.0	用2m垂直检测尺检查
表面平整度	2.0	3.0	用2m靠尺和塞尺检查
阴阳角方正	2.0	4.0	用直角检测尺检查
接缝平直度	2.0	4.0	拉5m线,不足5m拉通线,用钢直尺检查。
墙裙上口平直	2.0	3.0	拉5m线,不足5m拉通线,用钢直尺检查。
接缝高低	0.5	3.0	用钢板短尺和塞尺检查
接缝宽度偏差	1.0	2.0	用钢直尺检查

招式27 大理石、花岗石干挂快解决

一、施工准备

第一步:准备合格的材料

石材:石材的材质、品种、规格、颜色及花纹应符合设计要求。并应符合国家现行标准。

辅料:型钢骨架、金属挂件、不锈钢挂件、膨胀螺栓、金属连接件、不锈钢连接挂件以及配套的垫板、垫圈、螺母以及与骨架固定的各种所需配件,其材质、品种、规格、质量应符合要求。

石材防护剂、石材胶粘剂、耐候密封胶、防水胶、嵌缝胶、嵌逢胶条、防腐涂料应有出厂合格证和说明,并应符合环保要求。各种胶应进行相容性试验。

第二步:确保作业条件合格

主体结构施工完成并经检验合格,结构基层已经处理完成并验收合格。

石材已经进场,其质量、规格、品种、数量、力学性能和物理性能符合设计要求和国家现行标准,石材表面应涂刷防护剂。

其他配套材料已进场,并经检验复试合格。

墙、柱面上的各种专业管线、设备、预留预埋件已安装完成,经检验合格,并办理交接手续。

门、窗已安装完,各处水平标高控制线测设完毕,并预检合格。

施工所需的脚手架已经搭设完,垂直运输设备已安装好,符合使用要求

和安全规定,并经检验合格。

施工现场所需的临时用水、用电、各种工、机具准备就绪。

熟悉施工图纸及设计说明,根据现场施工条件进行必要的测量放线,对各个标高、各种洞口的尺寸、位置进行校核。

施工前按大样图进行样板间(段)施工。样板间(段)经设计、监理、建设单位检验合格并签认。对操作人员进行安全、技术交底。

二、施工步骤

第三步:确定施工流程

石材表面处理→石材安装前准备→测量放线基层处理→主龙骨安装→次龙骨安装→石材安装→石材板缝处理→表面清洗。

第四步:石材表面处理

石材表面应干燥,一般含水率应不大于8%,按防护剂使用说明对石材表面进行防护处理。操作时将石材板的正面朝下平放于两根方木上,用羊毛刷蘸防护剂,均匀涂刷于石材板的背面和四个边的小面,涂刷必须到位,不得漏刷。待第一道涂刷完24h后,刷第二道防护剂。第二道刷完24h后,将石材板翻成正面朝上,涂刷正面,方法与要求和背面涂刷相同。

第五步:石材安装前准备

先对石材板进行挑选,使同一立面或相临两立面的石材板色泽、花纹一致,挑出色差、纹路相差较大的不用或用于不明显部位。石材板选好进行钻孔、开槽,为保证孔槽的位置准确、垂直,应制作一个定型托架,将石材板放在托架上作业。钻孔时应使钻头于钻孔面垂直,开槽时应使切割片与开槽垂直,确保成孔、槽后准确无误。孔、槽的形状尺寸应按设计要求确定。

第六步:放线及基层处理

对安装石材的结构表面进行清理。然后吊直、套方、找规矩,弹出垂直线、水平线、标高控制线。根据深化设计的排版、骨架大样图弹出骨架和石材板块的安装位置线,并确定出固定连接件的膨胀螺栓安装位置。核对预埋件的位置和分布是否满足安装要求。

第七步:主龙骨安装

主龙骨一般采用竖向安装。材质、规格、型号按设计要求选用。安装时先按主龙骨安装位置线,在结构墙体上用膨胀螺栓或化学锚栓固定角码,通常角码在主龙骨两侧面对面设置。然后将主龙骨卡入角码之间,采用贴角焊与角码焊接牢固。焊接处应刷防锈漆。主龙骨安装时应先临时固定,然后拉通线进行调整,待调平、调正、调垂直后再进行固定或焊接。

第八步:次龙骨安装

次龙骨的材质、规格、型号、布置间距及与主龙骨的连接方式按设计要求确定。沿高度方向固定在每一道石材的水平接缝处,次龙骨与主龙骨的连接一般采用焊接,也可用螺栓连接。焊缝防腐处理同主龙骨。

第九步:石材安装

石材与次龙骨的连接采用T形不锈钢专用连接件。不锈钢专用连接件与石材侧边安装槽缝之间,灌注石材胶。连接件的间距宜不大于600mm。安装时应边安装、边进行调整,保证接缝均匀顺直,表面平整。

第十步:石材板缝处理

打胶前应在板缝两边的石材上粘贴美纹纸,以防污染石材,美纹纸的边缘要贴齐、贴严,将缝内杂物清理干净,并在缝隙内填入泡沫填充(棒)条,填充的泡沫(棒)条固定好,最后用胶枪把嵌缝胶打入缝内,待胶凝固后撕去美纹纸。打胶成活后一般低于石材表面5mm,呈半圆凹状。嵌缝胶的品种、型号、颜色应按设计要求选用并做相容性试验。在底层石板缝打胶时,注意不要堵塞排水管。

第十一步:清洗

把大理石、花岗石表面的防污条掀掉,用棉丝将石板擦净,若有胶或其他粘结牢固的杂物,可用开刀轻轻铲除,用棉丝蘸丙酮擦至干净。在刷罩面剂的施工前,应掌握和了解天气趋势,阴雨天和4级以上风天不得施工,防止污染漆膜;冬、雨季可在避风条件好的室内操作,刷在板块面上。罩面剂按配合比在刷前半小时对好,注意区别底漆和面漆,最好分阶段操作。配制罩面剂要搅匀,防止成膜时不均,涂刷要用3in羊毛刷,沾漆不宜过多,防止流挂,尽量少回刷,以免有刷痕,要求无气泡、不漏刷,刷的平整要有光泽。

第十二步:质量检查

1.石材饰面板的品种、规格、颜色和性能应符合设计要求和国家环保规定。

检验方法:观察;检验产品合格证书、性能检测报告。

2.石材饰面板孔、槽的数量、位置和尺寸应符合设计要求。

检验方法:检验进场验收记录或施工记录。

3.石材饰面板安装工程的预埋件(或后置埋件)和连接件的数量、规格、位置、连接方法和防腐处理必须符合设计要求。后置埋件的现场拉拔强度必须符合设计要求。饰面板安装必须牢固。

检验方法:手板检查;检查进场验收记录、现场拉拔检测报告、隐蔽工程验收记录和施工记录。

4. 石材面板的接缝、嵌缝做法应符合设计要求。

检验方法:观察;

5. 石材饰面板的排列应符合设计要求,应尽量使饰面板排列合理、整齐、美观,非整块宜排在不明显处。

检验方法:观察。

6. 石材饰面板表面平整、洁净、色泽一致,无裂痕和缺损。石材表面应无泛碱等污染。

检验方法:观察。

7. 石材饰面板嵌缝应密实、平直、宽度和深度应符合设计要求,嵌填材料色泽应一致。

检验方法:观察。

8. 石材饰面板上的孔洞应套割吻合,边缘应整齐。

检验方法:观察。

9. 室外石材饰面板安装坡向应正确,滴水线顺直,并应符合设计要求。

检验方法:观察;用水平尺检验。

10. 石材饰面板安装的允许偏差和检验方法见下表:

室内、外墙面干挂石材允许偏差和检验方法

项 目	允许偏差(mm)		检验方法
	光 面	粗 面	
立面垂直度	2.0	3.0	用2m垂直检测尺检查
表面平整度	2.0	3.0	用2m靠尺和塞尺检查
阴阳角方正	2.0	4.0	用直角检测尺检查
接缝平直度	2.0	4.0	拉5m线,不足5m拉通线,用钢直尺检查。
墙裙上口平直	2.0	3.0	拉5m线,不足5m拉通线,用钢直尺检查。
接缝高低	0.5	3.0	用钢板短尺和塞尺检查
接缝宽度偏差	1.0	2.0	用钢直尺检查

第十三步:成品保护

（1）要及时清擦干净残留在门窗框、玻璃和金属饰面板上的污物，如密封胶、手印、尘土、水等杂物，宜粘贴保护膜，预防污染、锈蚀。

（2）认真贯彻合理施工顺序，少数工种的活应做在前面，防止损坏、污染外挂石材饰面板。

（3）拆改架子和上料时，严禁碰撞干挂石材饰面板。

（4）外饰面完活后，易破损部分的裱角处要钉护角保护，其他工种操作时不得划伤面漆和碰坏石材。

（5）在室外刷罩面剂末干燥前，严禁下渣土和翻架子脚手板等。

（6）已完工的外挂石材应设专人看管，遇有损害成品的行为，应立即制止，并严肃处理。

温馨提示

1. 马赛克饰面，墙面突出周围应如何贴饰面砖？

墙面突出周围的饰面砖应整砖套割吻合，边缘应整齐。墙裙、贴脸突出墙面的厚度应一致。

2. 基层为砖墙墙面时如何进行基层处理？

抹灰前墙面必须清扫干净，检查窗台窗套和腰线等处，对损坏和松动的部分要处理好，然后浇水润湿墙面。其他做法同混凝土墙面。

3. 贴面表面有什么要求？

表面平整、洁净；拼花正确、纹理清晰通顺，颜色均匀一致；非整板部位安排适宜，阴阳角处的板压向正确。

4. 内墙贴面砖如何做好成品保护？

拆脚手架时，要注意不要碰坏墙面。

残留在门窗框上的水泥砂浆应及时清理干净，门窗口出应设防护措施，铝合金门窗框应用塑料膜保护好，防止污染。

提前做好水、电、通风、设备安装作业工作，以防止损坏墙面砖。

各抹灰层在凝固前，应有防风、防爆晒、防水冲和振动的措施，以保证各层粘结牢固及有足够的强度。

防止水泥浆、石灰浆、涂料、颜料、油漆等液体污染饰面砖墙面，也要教育施工人员注意不要在已做好的饰面砖墙面上乱写乱画或脚蹬、手摸等，以免造成污染墙面。

5. 冬季室内镶贴陶瓷锦砖，如何加快干燥速度？

冬季室内镶贴陶瓷锦砖,可采用热空气或带烟囱的火炉加速干燥。采用热空气时,应设通风设备排除湿气,并设专人进行测温控制和管理。

6. 如何对小面积金属饰面板进行施工?

对于小面积的金属饰面板墙面可采取胶粘法施工,胶粘法施工时可采用木质骨架。先在木骨架固定一层细木工板,以保证墙面的平整度与刚度,然后用建筑胶直接将金属饰面板粘贴在细木工板上。粘贴时建筑胶直接将金属饰面板粘贴在细木工板上。粘贴时建筑胶应涂抹均匀,使饰面板粘结牢固。

7. 雨天施工有什么要注意的问题?

雨期施工时,室外施工应采取有效的防雨措施。室外焊接、灌浆和嵌缝不得冒雨进行作业,应有防止暴晒和雨水冲刷的可靠措施,以确保施工质量。

第三章
6招教你成为抹灰能手
liuzhaojiaonichengweimohuinengshou

招式28:一般抹灰工程施工
招式29:十一步搞定室外水泥砂浆抹灰
招式30:水刷石抹灰工程施工
招式31:外墙斩假石抹灰工程技术
招式32:假面砖工程施工
招式33:清水砌体勾缝工程技术全掌握

简单基础知识介绍

抹灰,指采用石灰砂浆、混合砂浆、聚合物水砂浆、麻刀灰、纸筋灰等对建筑物的面层抹灰和石膏浆罩面工艺。

行家出招

招式28 一般抹灰工程施工

一、施工准备

第一步:准备合格的材料

(1)水泥

宜采用普通水泥或硅酸盐水泥,也可采用矿渣水泥、火山灰水泥、粉煤灰水泥及复合水泥。水泥强度等级宜采用32.5级以上颜色一致、同一批号、同一品种、同一强度等级、同一厂家生产的产品。水泥进厂需对产品名称、代号、净含量、强度等级、生产许可证编号、生产地址、出厂编号、执行标准、日期等进行外观检查,同时验收合格证。

(2)砂

宜采用平均粒径0.35—0.5mm的中砂,在使用前应根据使用要求过筛,筛好后保持洁净。

(3)磨细石灰粉

其细度过0.125mm的方孔筛,累计筛余量不大于13%,使用前用水浸泡使其充分熟化,熟化时间最少不小于3d。

浸泡方法:提前备好大容器,均匀地往容器中撒一层生石灰粉,浇一层水,然后再撒一层,再浇一层水,依次进行,当达到容器的2/3时,将容器内放满水,使之熟化。

(4)石灰膏

石灰膏与水调和后具有凝固时间快,并在空气中硬化,硬化时体积不收缩的特性。

用块状生石灰淋制时,用筛网过滤,贮存在沉淀池中,使其充分熟化。熟化时间常温一般不少于15d,用于罩面灰时不少于30d,使用时石灰膏内不得含有未熟化的颗粒和其他杂质。在沉淀池中的石灰膏要加以保护,防止其干燥、冻结和污染。

(5)纸筋

采用白纸筋或草纸筋施工时,使用前要用水浸透(时间不少于三周),并将其捣烂成糊状,并要求洁净、细腻。用于罩面时宜用机械碾磨细腻,也可制成纸浆。要求稻草、麦秆应坚韧、干燥、不含杂质,其长度不得大于30mm,稻草、麦秆应经石灰浆浸泡处理。

(6)麻刀

必须柔韧干燥,不含杂质,行缝长度一般为10~30mm,用前4~5d敲打松散并用石灰膏调好,也可采用合成纤维。

第二步:确保作业条件合格

(1)主体结构必须经过相关单位(建筑单位、施工单位、质量监理、设计单位)检验合格。

(2)抹灰前应检查门窗框安装位置是否正确,需埋设的接线盒、电箱、管线、管道套管是否固定牢固。连接处缝隙应用1:3水泥砂浆或1:1:6水泥混合砂浆分层嵌塞密实,若缝隙较大时,应在砂浆中掺少量麻刀嵌塞,将其填塞密实,并用塑料帖膜或铁皮将门窗框加以保护。

(3)将混凝土过梁、梁垫、圈梁、混凝土柱、梁等表面凸出部分剔平,将蜂窝、麻面、露筋、疏松部分剔到实处,并刷胶粘性素水泥浆或界面剂。然后用1:3的水泥砂浆分层抹平。脚手眼和废弃的孔洞应堵严,外露钢筋头、铅丝头及木头等要剔除,窗台砖补齐,墙与楼板、梁底等交接处应用斜砖砌严补齐。

(4)配电箱(柜)、消火栓(柜)以及卧在墙内的箱(柜)等背面露明部分应加钉钢丝网固定好,涂刷一层胶粘性素水泥浆或界面剂,钢丝网与最小边搭接尺寸不应小于10cm。窗帘盒、通风篦子、吊柜、吊扇等埋件、螺栓位置、标高应准确牢固,且防腐、防锈工作完毕。

(5)对抹灰基层表面的油渍、灰尘、污垢等应清除干净,对抹灰墙面结构应提前浇水均匀湿透。

(6)抹灰前屋面防水及上一层地面最好已完成,如没完成防水及上一层地面需进行抹灰时,必须有防水措施。

(7)抹灰前应熟悉图纸、设计说明及其他设计文件,制定方案,做好样板间,经检验达到要求标准后方可正式施工。

(8)抹灰前应先搭好脚手架或准备好高马凳,架子应离开墙面20-25cm,便于操作。

二、施工步骤

第三步:确定施工流程

基层清理－浇水湿润－吊垂直、套方、找规矩－抹灰饼－抹水泥－踢脚或墙裙－做护角抹水泥窗台－墙面充筋－抹底灰－修补预留孔。

第四步:基层清理

1)砖砌体:应清除表面杂物,残留灰浆、舌头灰、尘土等。

2)混凝土基体:表面凿毛或在表面洒水润湿后涂刷1:1水泥砂浆(加适量胶粘剂或界面剂)。

3)加气混凝土基体:应在湿润后边涂刷界面剂,边抹强度不大于M5的水泥混合砂浆。

第五步:浇水湿润

一般在抹灰前一天,用软管或胶皮管或喷壶顺墙自上而下浇水湿润,每天宜浇两次。

第六步:吊垂直、套方、找规矩、做灰饼

根据设计图纸要求的抹灰质量,根据基层表面平整垂直情况,用一面墙做基准,吊垂直、套方、找规矩,确定抹灰厚度,抹灰厚度不应小于7mm。当墙面凹度较大时应分层衬平。每层厚度不大于7—9mm。操作时应先抹上灰饼,再抹下灰饼。抹灰饼时应根据室内抹灰要求,确定灰饼的正确位置,再用靠尺板找好垂直与平整。灰饼宜用1:3水泥砂浆抹成5cm见方形状。

房间面积较大时应先在地上弹出十字中心线,然后按基层面平整度弹出墙角线,随后在距墙阴角100mm处吊垂线并弹出铅垂线,再按地上弹出的墙角线往墙上翻引弹出阴角两面墙上的墙面抹灰层厚度控制线,以此做灰饼,然后根据灰饼充筋。

第七步:抹水泥踢脚(或墙裙)

根据已抹好的灰饼充筋(此筋可以冲的宽一些,8-10cm为宜,因此筋即为抹踢脚或墙裙的依据,同时也作为墙面抹灰的依据),底层抹1-3水泥砂浆,抹好后用大杠刮平,木抹搓毛,常温第二天用1:2.5水泥砂浆抹面层并压光,抹踢脚或墙裙厚度应符合设计要求,无设计要求时凸出墙面5-7mm为宜。凡凸出抹灰墙面的踢脚或墙裙上口必须保证光洁顺直,踢脚或墙面抹好将靠尺贴在大面与上口平,然后用小抹子将上口抹平压光,凸出墙面的棱角要做成钝角,不得出现毛茬和飞棱。

第八步:做护角

墙、柱间的阳角应在墙、柱面抹灰前用1:2水泥砂浆做护角,其高度自地面以上2m。然后将墙、柱的阳角处浇水湿润。第一步在阳角正面立上A字靠尺,靠尺突出阳角侧面,突出厚度与成活抹灰面平。然后在阳角侧面,依靠尺边抹水泥砂浆,并用铁抹子将其抹平,按护角宽度(不小于5cm)将多余的水泥砂浆铲除。第二步待水泥砂浆稍干后,将八字靠尺移到抹好的护角面晒(A字坡向外)。在阳角的正面,依靠尺边抹水泥砂浆,并用铁抹子将其抹平,按护角宽度将多余的水泥砂浆铲除。抹完后去掉八字靠尺,用素水泥浆涂刷护角尖角处,并用搏角器自上而下搏一遍,使形成钝角。

第九步:抹水泥窗台

先将窗台基层清理干净,松动的砖要重新补砌好。砖缝划深,用水润透,然后用1:2:3豆石混凝土铺实,厚度宜大于2.5Cm,次日刷胶粘性素水泥一遍,随后抹1:2.5水泥砂浆面层,待表面达到初凝后,浇水养护2—3d,窗台板下口抹灰要平直,没有毛刺。

第十步:墙面充筋

当灰饼砂浆达到七八成干时,即可用与抹灰层相同砂浆充筋,充筋根数应根据房间的宽度和高度确定,一般标筋宽度为5cm。两筋间距不大于1.5m。当墙面高度小于3.5m时宜做立筋。大于3.5m时宜做横筋,做横向冲筋时做灰饼的间距不宜大于2m。

第十一步:抹底灰

一般情况下充筋完成2h左右可开始抹底灰为宜,抹前应先抹一层薄灰,要求将基体抹严,抹时用力压实使砂浆挤人细小缝隙内,接着分层装档、抹与充筋平,用木杠刮找平整,用木抹子搓毛。然后全面检查底子灰是否平整,阴阳角是否方直、整洁,管道后与阴角交接处、墙顶板交接处是否光滑平整、顺直,并用托线板检查墙面垂直与平整情况。散热器后边的墙面抹灰,应在散热器安装前进行,抹灰面接搓应平顺,地面踢脚板或墙裙,管道背后应及时清理干净,做到活完底清。

第十二步:修抹预留孔洞、配电箱、槽、盒

当底灰抹平后,要随即由专人把预留孔洞、配电箱、槽、盒周边5cm宽的石灰砂刮掉,并清除干净,用大毛刷沾水沿周边刷水湿润,然后用1:1:4水泥混合砂浆,把洞口、箱、槽、盒周边压抹平整、光滑。

第十一步：抹罩面灰

应在底灰六七成干时开始抹罩面灰（抹时如底灰过干应浇水湿润），罩面灰两遍成活，厚度约2mm，操作时最好两人同时配合进行，一人先刮一遍薄灰，另一人随即抹平。依先上后下的顺序进行，然后赶实压光，压时要掌握火候，既不要出现水纹，也不可压活，压好后随即用毛刷蘸水将罩面灰污染处清理干净。施工时整面墙不宜甩破活，如遇有预留施工洞时，可甩下整面墙待抹为宜。

第十二步：质量检查

1. 抹灰工程质量关键是，粘结牢固，无开裂、空鼓和脱落，施工过程应注意：

1）抹灰基体表面应彻底清理干净，对于表面光滑的基体应进行毛化处理。

2）抹灰前应将基体充分浇水均匀润透，防止基体浇水不透造成抹灰砂浆中的水分很快被基体吸收，造成质量问题。

3）严格各层抹灰厚度，防止一次抹灰过厚，造成干缩率增大，造成空鼓、开裂等质量问题。

4）抹灰砂浆中使用材料应充分水化，防止影响粘结力。

2. 一般抹灰工程的表面质量应符合下列规定：

1）普通抹灰表面应光滑、洁净，接搓平整，分格缝应清晰。

2）高级抹灰表面应光滑、洁净，颜色均匀、无抹纹，分格缝和灰线应清晰美观。

检验要求：抹灰等级应符合设计要求。

检查方法：观察，手摸检查。

3）护角、孔洞、槽、盒周围的抹灰应整齐、光滑，管道后面抹灰表面平整。

检验要求：组织专人负责孔洞、槽、盒周围、管道背后抹灰工作、抹完后应由质检部门检验，并填写工程验收记录。

检查方法：观察。

4）抹灰总厚度应符合设计要求，水泥砂浆不得抹在石灰砂浆上，罩面石膏灰不得抹在水泥砂浆层上。

检验要求：施工时要严格按施工工艺要求操作。

检查方法：检查施工记录。

5）一般抹灰工程质量的允许偏差和检验方法应符合表

一般抹灰的允许偏差和检验方法

项次	项目	允许偏差(mm)		检验方法
		普通	高级	
1	立面垂直度	3	2	用2m垂直检测尺检查
2	表面平整度	3	2	用2m靠尺和塞尺检查
3	阴阳角方正	3	2	用直角检测尺检测
4	分隔条(缝)直线度	3	2	拉5m线,不足5m拉通线,用钢直尺检查
5	墙裙、勒脚上口直线	3	2	拉5m线,不足5m拉通线,用钢直尺检查

招式29 十一步搞定室外水泥砂浆抹灰

一、施工准备

第一步:准备合格的材料

1)水泥

宜采用普通水泥或硅酸盐水泥,彩色抹灰宜采用白色硅酸盐水泥。水泥强度等级宜采用32.5级以上颜色一致、同一批号、同一品种、同一强度等级、同一生产厂家的产品。水泥进厂需对产品名称、代号、净含量、强度等级、生产许可证编号、生产地址、出厂编号、执行标准、日期等进行外观检查,同时验收合格证。

2)砂

宜采用平均粒径0.35－0.5mm的中砂,在使用前应根据使用要求过筛,筛好后保持洁净。

3)磨细石灰粉

其细度过0.125mm的方孔筛,累计筛余量不大于13%,使用前用水浸泡使其充分熟化,熟化时间最少不小于3d。

浸泡方法:提前备好大容器,均匀地往容器中撒一层生石灰粉,浇一层水,然后再撒一层,再浇一层水,依次进行,当达到容器的2/3时,将容器内放满水,使之熟化。

4)石灰膏

用块状生石灰淋制时,用筛网过滤,贮存在沉淀池中,使其充分熟化。使用时石灰膏内不得含有未熟化的颗粒和其他杂质。在沉淀池中的石灰膏要加以保护,防止其干燥、冻结和污染。

5)掺加材料

当使用胶粘剂或外加剂时,必须符合设计及国家规范要求。

第二步:确定作业条件合格

1)主体结构必须经过相关单位(建设单位、施工单位、质量监理、设计单位)检验合格并已验收。

2)抹灰前应检查门窗框安装位置是否正确,需埋设的接线盒、电箱、管线、管道套管是否固定牢固。连接处缝隙应用1:3水泥砂浆或1:1:6水泥混合砂浆分层嵌塞密实,若缝隙较大时,应在砂浆中掺少量麻刀嵌塞,将其填塞密实。

3)将混凝土过梁、梁垫、圈梁、混凝土柱、梁等表面凸出部分剔平,将蜂窝、麻面、露筋、疏松部分剔到实处,用胶粘性素水泥浆或界面剂涂刷表面。然后用1:3的水泥砂浆分层抹平。脚手眼和废弃的孔洞应堵严,窗台砖补齐,墙与楼板、梁底等交接处应用斜砖砌严补齐。

4)配电箱、消火栓等背后裸露部分应加钉铅丝网固定好,可涂刷一层界面剂,铅丝网与最小边搭接尺寸不应小于10cm。

5)对抹灰基层表面的油渍、灰尘、污垢等清除干净。

6)抹灰前屋面防水最好是提前完成,如没完成防水及上一层地面需进行抹灰时,必须有防水措施。

7)抹灰前应熟悉图纸、设计说明及其他文件,制定方案,做好样板间,经检验达到要求标准后方可正式施工。

8)外墙抹灰施工要提前按安全操作规范搭好外架子。架子离墙20cm—25cm以利于操作。为保证减少抹灰接槎,使抹灰面平整,外架宜铺设三步板,以满足施工要求。为保证抹灰不出现接缝和色差,严禁使用单排架子,同时不得在墙面上预留临时孔洞等。

9)抹灰开始前应对建筑整体进行表面垂直、平整度检查,在建筑物的大角两面、阳台、窗台、镟脸等两侧吊垂直弹出抹灰层控制线,以作为抹灰的依据。

二、施工步骤

第三步:确定工艺流程

墙面基层清理、浇水湿润－堵门窗口缝及脚手眼、孔洞－吊垂直、套方、找规矩、抹灰饼、充筋－抹底层灰、中层灰－弹线分格－嵌分格条－抹面层灰、起分格条－抹滴水线－养护。

第四步：墙面基层清理、浇水湿润

1）砖墙基层处理：

将墙面上残存的砂浆、舌头灰剔除干净，污垢、灰尘等清理干净，用清水冲洗墙面，将砖缝中的浮砂、尘土冲掉，并将墙面均匀湿润。

2）混凝土墙基层处理：

因混凝土墙面在结构施工时大都使用脱膜隔离剂，表面比较光滑，故应将其表面进行处理，其方法：采用脱污剂将墙面的油污脱除干净，晾干后采用机械喷涂或笤帚涂刷一层薄的胶粘性水泥浆或涂刷一层混凝土界面剂，使其凝固在光滑的基层上，以增加抹灰层与基层的附着力，不出现空鼓开裂。再一种方法可采用将其表面用尖钻子均匀剔成麻面，使其表面粗糙不平，然后浇水湿润。

3）加气混凝土墙基层处理

加气混凝土砌体其本身强度较低，孔隙率较大，在抹灰前应对松动及灰浆不饱满的拼缝或梁、板下的顶头缝，用砂浆填塞密实。将墙面凸出部分或舌头灰剔凿平整，并将缺棱掉角、坑凹不平和设备管线槽、洞等同时用砂浆整修密实、平顺。用托线板检查墙面垂直偏差及平整度，根据要求将墙面抹灰基层处理到位，然后喷水湿润。

第五步：堵门窗口缝及脚手眼、孔洞等

堵缝工作要作为一道工序安排专人负责，门窗框安装位置准确牢固，用1:3水泥砂浆将缝隙塞严。堵脚手眼和废弃的孔洞时，应将洞内杂物、灰尘等物清理干净，浇水湿润，然后用砖将其补齐砌严。

第六步：吊垂直、套方、找规矩、做灰饼、充筋

根据建筑高度确定放线方法，高层建筑可利用墙大角、门窗口两边，用经纬仪打直线找垂直。多层建筑时，可从顶层用大线坠吊垂直，绷铁丝找规矩，横向水平线可依据楼层标高或施工+50cm线为水平基准线进行交圈控制，然后按抹灰操作层抹灰饼，做灰饼时应注意横竖交圈，以便操作。每层抹灰时则以灰饼做基准充筋，使其保证横平竖直。

第七步：抹底层灰、中层灰

根据不同的基体，抹底层灰前可刷一道胶粘性水泥浆，然后抹1:3水泥

砂浆（加气混凝土墙应抹1:1:6混合砂浆），每层厚度控制在5-7mm为宜。分层抹灰抹与充筋平时用木杠刮平找直，木抹搓毛，每层抹灰不宜跟的太紧，以防收缩影响质量。

第八步：弹线分格、嵌分格条

根据图纸要求弹线分格、粘分格条。分格条宜采用红松制作，粘前应用水充分浸透。粘时在条两侧用素水泥浆抹成45°八字坡形。粘分格条时注意竖条应粘在所弹立线的同一侧，防止左右乱粘，出现分格不均匀。条粘好后待底层呈七八成干后可抹面层灰。

第九步：抹面层灰、起分格条

待底灰呈七八成干时开始抹面层灰，将底灰墙面浇水均匀湿润，先刮一层薄薄的素水泥浆，随即抹罩面灰与分格条平，并用木杠横竖刮平，木抹子搓毛，铁抹子溜光、压实。待其表面无明水时，用软毛刷蘸水垂直于地面向同一方向轻刷一遍，以保证面层灰颜色一致，避免出现收缩裂缝，随后将分格条起出，待灰层干后，用素水泥膏将缝勾好。难起的分格条不要硬起，防止棱角损坏，待灰层干透后补起，并补勾缝。

第十步：抹滴水线

在抹槽口、窗台、窗眉、阳台、雨篷、压顶和突出墙面的腰线以及装饰凸线时，应将其上面作成向外的流水坡度，严禁出现倒坡。下面做滴水线（槽）。窗台上面的抹灰层应深入窗框下坎裁口内，堵塞密实，流水坡度及滴水线（槽）距外表面不小于4cm，滴水线深度和宽度一般不小于10mm，并应保证其流水坡度方向正确。

抹滴水线（槽）应先抹立面，后抹顶面，再抹底面。分格条在底面灰层抹好后即可拆除。采用"隔夜"拆条法时，需待抹灰砂浆达到适当强度后方可拆除。

第十一步：质量检查

1.一般抹灰工程的表面质量应符合下列规定

1）普通抹灰表面应光滑、洁净，接搓平整，分格缝应清晰。

2）高级抹灰表面应光滑、洁净，颜色均匀、无抹纹，分格缝和灰线应清晰美观。

检验要求：抹灰等级应符合设计要求。

检查方法：观察，手摸检查。

3）抹灰总厚度应符合设计要求，水泥砂浆不得抹在石灰砂浆上，罩面石膏灰不得抹在水泥砂浆层上。

检验要求:施工时要严格按设计要求或施工规范标准执行。

检查方法:检查施工记录。

4)抹灰分格缝的设置应符合设计要求,宽度和深度应均匀,表面光滑,棱角应整齐。

检验要求:面层灰完成后,随将分格条起出,然后用水泥膏勾缝,当时难起出的分格条,待灰层干透再起,并补勾格缝。分格条使用前应充分用水泡透。

检查方法:观察,尺量检查。

5)有排水要求的部位应做滴水线应整齐顺直,滴水线应内高外低,滴水不应小于10mm,滴水槽应用红松制作。

检查方法:观察,尺量检查。

6)一般抹灰工程质量的允许偏差

一般抹灰的允许偏差和检验方法

项次	项目	允许偏差(mm)		检验方法
		普通	高级	
1	立面垂直度	3	2	用2m垂直检测尺检查
2	表面平整度	3	2	用2m靠尺和塞尺检查
3	阴阳角方正	3	2	用直角检测尺检测
4	分隔条(缝)直线度	3	2	拉5m线,不足5m拉通线,用钢直尺检查
5	墙裙、勒脚上口直线	3	2	拉5m线,不足5m拉通线,用钢直尺检查

招式30 水刷石抹灰工程施工

水刷石是一种人造石料,制作过程是用水泥、石屑、小石子或颜料等加水拌和,抹在建筑物的表面,半凝固后,用硬毛刷蘸水刷去表面的水泥浆而使石屑或小石子半露。

一、施工准备

第一步:准备合格的材料

(1)水泥

宜采用普通硅酸盐水泥或硅酸盐水泥,也可采用普通矿渣水泥、火山灰水泥、粉煤灰水泥及复合水泥,彩色抹灰宜采用白色硅酸盐水泥。水泥强度等级宜采用32.5级颜色一致、同一批号、同二品种、同一强度等级、同一厂家生的产品。

水泥进厂需对产品名称、代号、净含量、强度等级、生产许可证编号、生产地址、出厂编号、执行标准、日期等进行外观检查,同时验收合格证。

(2)沙子

宜采用粒径0.35－0.5mm的中砂。要求颗粒坚硬、洁净。含泥量小于3%,使用前应过筛,除去杂质和泥块等。

(3)石渣

要求颗粒坚实、整齐、均匀、颜色一致,不含粘土及有机、有害物质。所使用的石渣规格、级配应符合规范和设计要求。一般中八厘为6mm,小八厘为4mm,使用前应用清水洗净,按不同规格、颜色分堆晾干后,用苫布苫盖或装袋堆放,施工采用彩色石渣时,要求采用同一品种,同一产地的产品,宜一次进货备足。

(4)小豆石

用小豆石,做水刷石墙面材料时,其粒径5mm－8mm为宜。其含泥量不大于1%,粒径要求坚硬、均匀。使用前宜过筛,筛去粉末,清除僵块,用清水洗净,晾干备用。

(5)石灰膏

宜采用熟化后的石灰膏。

(6)生石灰粉

石灰粉,使用前要将其焖透熟化,时间应不少于7d,使其充分熟化,使用时不得含有未熟化的颗粒和杂质。

(7)颜料

应采用耐碱性和耐光性较好的矿物质颜料,使用时应采用同一配比与水泥干拌均匀,装袋备用。

(8)胶粘剂

应符合国家规范标准要求,掺加量应通过试验。

第二步,确保作业条件合格

1)抹灰工程的施工图、设计说明及其他设计文件已完成。

2)主体结构应经过相关单位(建筑单位、施工单位、监理单位、设计单位)检验合格。

3)抹灰前按施工要求搭好双排外架子或桥式架子,如果采用吊篮架子时必须满足安装要求,架子距墙面20~25cm,以保证操作,墙面不应留有临时孔洞,架子必须经安全部门验收合格后方可开始抹灰。

4)抹灰前应检查门窗框安装位置是否正确固定牢固,并用1:3水泥砂浆将门窗口缝堵塞严密,对抹灰墙面预留孔洞、预埋穿管等已处理完毕。

5)将混凝土过梁、梁垫、圈梁、混凝土柱、梁等表面凸出部分剔平,将蜂窝、麻面露筋、疏松部分剔到实处,然后用1:3的水泥砂浆分层抹平。

6)抹灰基层表面的油渍、灰尘、污垢等应清除干净,墙面提前浇水均匀湿透。

7)抹灰前应先熟悉图纸、设计说明及其他文件,制定方案要求,做好技术交底,确定配比和施工工艺,责成专人统一配料,并把好配合比关。按要求做好施工样板,经相关部门检验合格后,方可大面积施工。

二、施工步骤

第三步:确定施工流程

堵门窗口缝 – 基层处理 – 浇水湿润墙面 – 吊垂直、套方、找规矩、抹灰饼、充筋 – 分层抹底层砂浆 – 分格弹线、粘分格条 – 抹面层渣浆 – 修整、赶实压光、喷刷 – 起分格条、勾缝 – 养护

第四步:堵门窗口缝

抹灰前检查门窗口位置是否符合设计要求,安装牢固,四周缝按设计及规范要求已填塞完成,然后用1:3水泥砂浆塞实抹严。

第五步:基层清理

1)混凝土墙基层处理:

凿毛处理:用钢钻子将混凝土墙面均匀凿出麻面,并将板面酥松部分剔除干净,用钢丝刷将粉尘刷掉,用清水冲洗干净,然后浇水湿润。

清洗处理:用10%的火碱水将混凝土表面油污及污垢清刷除净,然后用清水冲洗晾干,采用涂刷素水泥浆或混凝土界面剂等处理方法均可。如采用混凝土界面剂施工时,应按所使用产品要求使用。

2)砖墙基层处理:

抹灰前需将基层上的尘土、污垢、灰尘、残留砂浆、舌头灰等清除干净。

第六步:浇水湿润

基层处理完后,要认真浇水湿润,浇水时应将墙面清扫干净,浇透浇

均匀。

第七步：吊垂直、套方、找规矩、做灰饼、充筋

根据建筑高度确定放线方法，高层建筑可利用墙大角、门窗口两边，用经纬仪打直线找垂直。多层建筑时，可从顶层用大线坠吊垂直，绷铁丝找规矩，横向水平线可依据楼层标高或施工+50cm线为水平基准线交圈控制，然后按抹灰操作层抹灰饼，做灰饼时应注意横竖交圈，以便操作。每层抹灰时则以灰饼做基准充筋，使其保证横平竖直。

第八步：分层抹底层砂浆

混凝土墙：先刷一道胶粘性素水泥浆，然后用1:3水泥砂浆分层装档抹与筋平，然后用木杠刮平，木抹子搓毛或花纹。

砖墙：抹1:3水泥砂浆，在常温时可用1:0.5:4混合砂浆打底，抹灰时以充筋为准，控制抹灰层厚度，分层分遍装档与充筋抹平，用木杠刮平，然后木抹子搓毛或花纹。底层灰完成24小时后应浇水养护。抹头遍灰时，应用力将砂浆挤入砖缝内使其粘结牢固。

第九步：弹线分格、粘分格条

根据图纸要求弹线分格、粘分格条，分格条宜采用红松制作，粘前应用水充分浸透，粘时在条两侧用素水泥浆抹成45°八字坡形，粘分格条时注意竖条应粘在所弹立线的同一侧，防止左右乱粘，出现分格不均匀，条粘好后待底层灰呈七八成干后可抹面层灰。

第十步：做滴水线

在抹檐口、窗台、窗眉、阳台、雨篷、压顶和突出墙面的腰线以及装饰凸线等时，应将其上面作成门外的流水坡度，严禁出现倒坡。下面做滴水线（槽）。窗台上面的抹灰层应深入窗框下坎裁口内，堵密实。流水坡度及滴水线（槽）距外表面不小于4cm，滴水线深度和宽度一般不小于10mnm，应保证其坡度方向正确。抹滴水线（槽）应先抹立面，后抹顶面，再抹底面。分格条在其面层灰抹好后即可拆除。采用"隔夜"拆条法时须待面层砂浆达到适当强度后方可拆除。

滴水线做法同水泥砂浆抹灰做法。

第十一步：抹面层石渣浆

待底层灰六七成干时首先将墙面润湿涂刷一层胶粘性素水泥浆，然后开始用钢抹子抹面层石渣浆。自下往上分两遍与分格条抹平，并及时用靠尺或小杠检查平整度（抹石渣层高于分格条1mm为宜），有坑凹处要及时填补，

边抹边拍打揉平。

第十二步:修整、赶实压光、喷刷

将抹好在分格条块内的石渣浆面层拍平压实,并将内部的水泥浆挤压出来,压实后尽量保证石渣大面朝上,再用铁抹子溜光压实,反复3-4遍。拍压时特别要注意阴阳角部位石渣饱满,以免出现黑边。待面层初凝时(指擦无痕),用水刷子刷不掉石粒为宜。然后开始刷洗面层水泥浆,喷刷分两遍进行,第一遍先用毛刷蘸水刷掉面层水泥浆,露出石粒,第二遍紧随其后用喷雾器将四周相邻部位喷湿,然后自上而下顺序喷水冲洗,喷头一般距墙面10-20cm,喷刷要均匀,使石子露出表面1-2mm为宜。最后用水壶从上往下将石渣表面冲洗干净,冲洗时不宜过快,同时注意避开大风天,以避免造成墙面污染发花。若使用白水泥砂浆做水刷石墙面时,在最后喷刷时,可用草酸稀释液冲洗一遍,再用清水洗一遍,墙面更显洁净、美观。

第十三步:起分格条、勾缝

喷刷完成后,待墙面水分控干后,小心将分格条取出,然后根据要求用线抹子将分格缝溜平抹顺直。

第十四步:阳台、雨罩、门窗破脸部位做法

门窗破脸、窗台、阳台、雨罩等部位水刷石施工时,应先做小面,后做大面,刷石喷水应由外往里喷刷,最后用水壶冲洗,以保证大面的清洁美观。揸口、窗台、旋脸、阳台、雨罩等底面应做滴水槽、滴水线(槽)应做成上宽7mm,下宽10mm,深10mm的木条,便于抹灰时木条容易取出,保持棱角不受损坏。滴水线距外皮不应小于4cm,且应顺直。当大面积墙面做水刷石一天不能完成时,在继续施工冲刷新活前,应将前面做的刷石用水淋湿,以防喷刷时粘上水泥浆后便于清洗,防止对原墙面造成污染。施工槎子应留在分格缝上。

第十五步:质量检查

1)水刷石表面应石粒清晰,分布均匀,紧密严整,色泽一致,应无掉粒和接槎痕迹。

检验要求:操作时应反复揉挤压平,选料应颜色一致,一次备足,正确掌握喷刷时间,最后用清水清洗面层。

检查方法:观察,手摸检查。

2)分格条(缝)的设置应符合设计要求,宽度和深度应均匀,表面应平整光滑,棱角应整齐。

检验要求:勾缝时要小心认真,将勾缝膏溜压平整、顺直。

检查方法:观察。

3)有排水要求部位应做滴水线(槽),滴水线(槽)应整齐顺直,滴水应内高外低,滴水线(槽)的宽度和深度应不小于10mm。

检验要求:分格条宜用红白松木制作。应做成上宽7mm,下宽10mm,厚(深)度10mm,用前必须用水浸透,木条起出后立即将粘在条上的水泥浆刷净浸水,以备再用。

检查方法:观察、尺量检查。

4)水刷石工程质量的允许偏差和检查方法应符合规定。

水刷石抹灰的允许偏差和检查方法

项次	项目	允许偏差(mm) 5	检验方法
1	立面垂直度	3	用2m垂直检测尺检查
2	表面平整度	3	用2m靠尺和塞尺检查
3	阴阳角方正	3	用直角检测尺检测
4	分隔条(缝)直线度	3	拉5m线,不足5m拉通线,用钢直尺检查
5	墙裙、勒脚上口直线	3	拉5m线,不足5m拉通线,用钢直尺检查

招式31 外墙斩假石抹灰工程技术

斩假石又称剁斧石,在我国有悠久的历史,其特点是通过细致的加工使其表面石纹逼真、规整,形态丰富,给人一种类似天然岩石的美感效果。

一、施工准备

第一步:准备合格的材料

1)水泥

宜采用32.5级以上普通硅酸盐水泥或矿渣水泥,要求颜色一致,同一强度等级、同一品种、同一厂家生产、同一批进场的水泥。

水泥进场需对产品名称、代号、净含量、强度等级、生产许可证编号、生产地址、出厂编号、执行标准、日期等进行外观检查,同时验收合格证。

2)沙子

宜采用粒径0.35-0.5mm的中砂。要求颗粒坚硬、洁净。使用前应过筛,除去杂质和泥块等,筛好备用。

3) 石渣

宜采用小八厘,要求石质坚硬、耐光无杂质,使用前应用清水洗净晾干。

4) 磨细石灰粉

使用前应充分熟化、闷透,不得含有未熟化的颗粒和杂质,熟化时间不少于3d。

5) 胶粘剂、混凝土界面剂

应符合国家质量规范标准要求,严禁使用非环保型产品。

6) 颜料

应采用耐碱性和耐光性较好的矿物质颜料,使用前与水泥干拌均匀,配合比计算准确,然后过筛装袋备用,保存时避免受潮。

第二步:确保作业条件合格

1) 主体结构必须经过相关单位(建筑单位、施工单位、监理单位、设计单位)检验合格,并验收。

2) 做台阶、门窗套时,门窗框应安装牢固,并按设计或规范要求将四周门窗口缝塞严嵌实,门窗框应做好保护,然后用1:3水泥砂浆塞严抹平。

3) 抹灰工程的施工图、设计说明及其他设计文件完成,施工作业方案已完成。

4) 抹灰架子已搭设完成并已经验收合格。抹灰架子宜搭双排架采用吊篮或桥式架子,架子应距墙面20-25cm以便于操作。

5) 墙面基层已按要求清理干净,脚手眼、临时孔洞已堵好,窗台、窗套等已补修整齐。

6) 所用石渣已过筛,除去杂质、杂物,洗净备足。

二、施工步骤

第三步:确定工艺流程

基层处理-吊垂直、套方、找规矩、做灰饼、充筋-抹底层砂浆-弹线分格、粘分格条-抹面层石渣灰-浇水养护-弹线分条块-面层-斩剁(剁石)。

第四步:基层处理

1) 砖墙基层处理:

将墙面上残存的砂浆、舌头灰剔除干净,污垢、灰尘等清理干净,用清水清洗墙面,将砖缝中的浮砂、尘土冲掉,并使墙面均匀湿润。

2）混凝土墙基层处理：

因混凝土墙面在结构施工时大都使用脱膜隔离剂，表面比较光滑，故应将其表面进行处理，其方法：采用脱污剂将面层的油污脱除干净，晾干后涂刷一层胶粘性水泥砂浆或涂刷混凝土界面剂，使其凝固在光滑的基层上，以增加抹灰层与基层的附着力。再一种方法可用尖钻子将其面层均匀剔麻，使其表面粗糙不平形成毛面，然后浇水均匀湿润。

第五步：吊垂直、套方、找规矩、做灰饼、充筋

根据设计要求，在需要做斩假石的墙面、柱面中心线或建筑物的大角、门窗口等部位用线坠从上到下吊通线作为垂直线，水平横线可利用楼层水平线或施工+50cm标高线为基线作为水平交圈控制。为便于操作，做整体灰饼时要注意横竖交圈。然后每层打底时以此灰饼为基准，进行层间套方、找规矩、做灰饼、充筋，以便控制各层间抹灰与整体平直。施工时要特别注意保证糖口、腰线、窗口、雨篷等部位的流水坡度。

第六步：抹底层砂浆

抹灰前基层要均匀浇水湿润，先刷一道水溶性胶粘剂水泥素浆（配合比根据要求或实验确定），然后依据充筋分层分遍抹1:3水泥砂浆，分两遍抹与充筋平，然后用抹子压实，木杠刮平，再用木抹子搓毛或划纹。打底时要注意阴阳角的方正垂直，待抹灰层终凝后设专人浇水养护。

第七步：弹线分格、粘分格条

根据图纸要求弹线分格、粘分格条，分格条宜采用红松制作，粘前应用水充分浸透，粘时在条两侧用素水泥浆抹成45°八字坡形，粘分格条时注意竖条应粘在所弹立线的同一侧，防止左右乱粘，出现分格不均匀，条粘好后待底层呈七八成干后方可抹面层灰。

第八步：抹面层石渣灰

首先将底层浇水均匀湿润，满刮一道水溶性胶粘性素水泥膏（配合比根据要求或实验确定），随即抹面层石渣灰。抹与分格条平，用木杠刮平，待收水后用木抹子用力赶压密实，然后用铁抹子反复赶平压实，并上下顺势溜平，随即用软毛刷蘸水把表面水泥浆刷掉，使石渣均匀露出。

第九步：浇水养护

斩剁石抹灰完成后，养护第一重要，如果养护不好，会直接影响工程质量，施工时要特别重视这一环节，应设专人负责此项工作，并做好施工记录。斩剁石抹灰面层养护，夏日防止暴晒，冬日防止冰冻，最好冬日不要施工。

第十步：面层斩剁（剁石）

1）掌握斩剁时间，在常温下经3d左右或面层达到设计强度60%－70%时即可进行，大面积施工应先试剁，以石子不脱落为宜。

2）斩剁前应先弹顺线，并离开剁线适当距离按线操作，以避免剁纹跑斜。

3）斩剁应自上而下进行，首先将四周边缘和棱角部位仔细剁好，再剁中间大面。若有分格，每剁一行应随时将上面和竖向分格条取出，并及时将分块内的缝隙、小孔用水泥浆修补平整。

4）斩剁时宜先轻剁一遍，再盖着前一遍的剁纹剁出深痕，操作时用力应均匀，移动速度应一致，不得出现漏剁。

5）柱子、墙角边棱斩剁时，应先横剁出边缘横斩纹或留出窄小边条（边宽3～4cm）不剁。剁边缘时应使用锐利的小剁斧轻剁，以防止掉边掉角，影响质量。

6）用细斧斩剁墙面饰花时，斧纹应随剁花走势而变化，严禁出现横平竖直的剁斧纹，花饰周围的平面上应剁成垂直纹，边缘应剁成横平竖直的围边。

7）用细斧剁一般墙面时，各格块体中间部分应剁成垂直纹，纹路相应平行，上下各行之间均匀一致。

8）斩剁完成后面层要用硬毛刷顺剁纹刷净灰尘，分格缝按设计要求做归正。

9）斩剁深度一般以石渣剁掉1/3比较适宜，这样可使剁出的假石成品美观大方。

第十一步：质量检查

(1) 斩假石表面剁纹应均匀顺直，深浅一致，应无漏剁处，阳角处应横剁并留出宽窄一致的不剁边条，棱角应无损坏。

检验要求：加强过程检验，发现不合格应返工重剁，阳角放线时应拉通线。

检查方法：观察，手摸检查。

(2) 装饰抹灰分格条（缝）的设置应符合设计要求，宽度应均匀，表面应平整光滑，棱角应整齐。

检验要求：分格条起出后，应用水泥膏将缝勾平，并保证棱角整齐，完成后应检验。

检查方法：观察。

(3) 有排水要求的部位应做滴水线（槽）。滴水线（槽）应整齐顺直，滴水线应内高外低,滴槽的宽度和深度应均匀不应小于10mm。

检验要求:应严格按操作规范施工,严禁抹完灰后用钉子划出线(槽)。

检查方法:观察,尺量检查。

(4)斩假石装饰抹灰工程质量的允许偏差和检查方法应符合规定。

斩假石装饰抹灰的允许偏差和检查方法

项次	项目	允许偏差(mm) 3	检验方法
1	立面垂直度	2	用2m垂直检测尺检查
2	表面平整度	2	用2m靠尺和塞尺检查
3	阴阳角方正	2	用直角检测尺检测
4	分隔条(缝)直线度	2	拉5m线,不足5m拉通线,用钢直尺检查
5	墙裙、勒脚上口直线	2	拉5m线,不足5m拉通线,用钢直尺检查

招式32 假面砖工程施工

假面砖是一种在水泥砂浆中掺入氧化铁黄或氧化铁红等颜料,通过手工操作达到模仿面砖装饰效果的一种做法。

一、施工准备

第一步:准备合格的材料

1. 水泥

1)水泥宜采用42.5级普通水泥、硅酸盐水泥或白色、彩色水泥,应选用同一厂家、同一批号、同强度等级、同品种、颜色一致的水泥。

2)水泥进场需对产品名称、代号、净含量、强度等级、生产许可证编号、生产地址、出厂编号、执行标准、日期等进行外观检查,同时验收合格证。

2. 沙

宜采用粒径0.35-0.5mm的中砂,使用前应过5mm孔径筛径筛净。

3. 石灰膏

使用时不得含有未熟化的颗粒和杂质,使用前应充分熟化。熟化时间不少于30d。

4. 石灰粉

石灰粉其细度过0·125mmn孔径筛,累计筛余量不大于13。使用前要用水浸泡使其充分熟化,时间不少于3d。

5、颜料

应采用矿物质颜料,使用时按设计要求和工程用量,与水泥一次性拌均匀,备足,过筛装袋,保存时避免潮湿。

第二步:确保作业条件合格

1)主体结构已经过相关单位(建筑单位、施工单位、监理单位、设计单位)检验合格,并已验收。

2)门窗口、预埋件、穿墙管道、预留洞口等位置正确安装牢固,缝隙用1:3水泥砂浆堵塞严。

3)施工用双排外脚手架或吊篮、桥式架已搭好,为操作方便,架子距墙面20-25cm为宜。

4)抹灰基层表面的油渍、灰尘、污垢等应清除干净,墙面提前浇水均匀湿透。

5)根据设计、施工方案进行技术交底,按要求做好样板,并经相关单位(部门)检验认可。

6)所需材料准备充分,操作环境达到施工条件。

7)抹灰工程的施工图、设计说明及其他设计文件已完成。

二、施工步骤

第三步:确定工艺流程

第四步:堵门窗口缝及脚手眼、孔洞等

堵缝工作要作为一道工序安排专人负责,门窗框安装位置准确牢固,用1:3水泥砂浆将缝隙塞严。堵脚手眼和废弃的孔洞时,应将洞内杂物、灰尘等物清理干净,浇水湿润,然后用砖将其补齐砌严。

第五步:墙面基层处理

1)砖墙基层处理:

抹灰前需将基层上的尘土、污垢、灰尘、残留砂浆、舌头灰等清除干净。

2)混凝土墙基层处理:

凿毛处理:用钢钻子将混凝土墙面均匀凿出麻面,并将板面酥松部分剔除干净,用钢丝刷将粉尘刷掉,用清水冲洗干净,然后浇水湿润。

清洗处理:用10%的火碱水将混凝土表面油污及污垢清刷除净,然后用清水冲洗晾干,采用涂刷素水泥浆或混凝土界面剂等处理方法均可。如采用混凝土界面剂施工时,应按所使用产品要求使用。

3)抹底灰前应将基层浇水均匀湿润。

第六步:吊线、找方、做灰饼、充筋

根据建筑高度确定放线方法,高层建筑可利用墙大角、门窗口两边,用经纬仪打直线找垂直。多层建筑时,可从顶层用大线坠吊垂直,绷铁丝找规矩,横向水平线可依据楼层标高或施工+50cm线为水平基准线进行交圈控制,然后按抹灰操作层抹灰饼,做灰饼时应注意横竖交圈,以便操作。每层抹灰时则以灰饼做基准充筋,使其保证横平竖直。

第七步:抹底层、中层灰

根据不同的基体,抹底层灰前可刷一道胶粘性水泥浆,然后抹1:3水泥砂浆,每层厚度控制在5－7mm为宜。分层抹灰抹与充筋平时用木杠刮平找直,木抹搓毛,每层抹灰不宜跟的太紧,以防收缩影响质量。

第八步:涂抹面层灰、做面砖

1)涂抹面层灰前应先将中层灰浇水均匀湿润,再弹水平线,按每步架子为一个水平作业段,然后上中下弹三条水平通线,以便控制面层划沟平直度,随抹1:1水泥结合层砂浆,厚度为3mmn,接着抹面层砂浆,厚度为3－4mm。

2)待面层砂浆稍收水后,先用铁梳子沿木靠尺由上向下划纹,深度控制在1－2mm为宜,然后再根据标准砖的宽度用铁皮刨子沿木靠尺横向划沟,沟深为3－4mm,深度以露出层底灰为准。

第九步:清扫墙面

面砖面完成后,及时将飞边砂粒清扫干净。不得留有飞棱卷边现象。

第十步:质量检查

1)假面砖表面应平整、沟纹清晰、留缝整齐、色泽一致、无掉角、脱皮、起砂等缺陷。

检验要求:施工严格按施工工艺标准操作。

检验方法:观察、手摸检查。

2)装饰抹灰分格条(缝)的设置应符合设计要求,宽度和深度应均匀,表面平整光滑,棱角整齐。

检验要求:分格应符合设计要求。

检查方法:观察。

3)有排水要求部位应做滴水(槽)。滴水线(槽)应整齐顺直,滴水线应内高外低,滴水槽的宽度和深度均不应小于10mm。做法与水泥砂浆同。

检验要求:分格条宜用红、白松木制作,应做成上窄下宽,使用前应用水浸透,木条起出后应立即将粘在条上的水泥浆刷净浸水,以备再用。

检验方法：观察、尺量检查。
4) 假面砖工程质量允许偏差和检验方法应符合规定。

假面砖允许偏差和检验方法

项次	项目	允许偏差(mm)	检验方法
1	立面垂直度	4	用2m垂直检测尺检查
2	表面平整度	3	用2m靠尺和塞尺检查
3	阴阳角方正	3	用直角检测尺检测
4	分隔条(缝)直线度	2	拉5m线，不足5m拉通线，用钢直尺检查
5	墙裙、勒脚上口直线	—	拉5m线，不足5m拉通线，用钢直尺检查

招式33 清水砌体勾缝工程技术全掌握

清水砌体也称清水墙，用砖与砂浆砌好后，墙面不做任何处理，勾缝是在清水墙的砖缝处用水泥浆封闭，一是更加美观，二是增加强度。非清水墙对砌墙的砂浆不必可以处理，清水墙则必须把多余的砂浆及时清理掉，如要勾缝还要在勾缝面在砂浆未凝固前用钢筋划掉砂灰，留出勾缝的空间。

一、施工准备

第一步：准备合格的材料

(1) 水泥

宜采用32.5级普通水泥或矿渣水泥，应选择同一品种、同一强度等级、同一厂家生产的水泥。

水泥进场需对产品名称、代号、净含量、强度等级、生产许可证编号、生产地址、出厂编号、执行标准、日期等进行外观检查，同时验收合格证。

(2) 砂子

宜采用细砂，使用前应过筛。

(3) 磨细生石灰粉

不含杂质和颗粒，使用前7d用水将其闷透。

(4) 石灰膏

使用时不得含有未熟化的颗粒和杂质，熟化时间不少于30d。

(5)颜料

应采用矿物质颜料,使用时按设计要求和工程用量,与水泥一次性拌均匀,计量配比准确,应做好样板(块),过筛装袋,保存时避免潮湿。

第二步:确保作业条件合格

(1)主体结构已经过相关单位(建筑单位、施工单位、监理单位、设计单位)检验合格,并已验收。

(2)施工用脚手架(或吊篮、或桥式架)已搭设完成,做好防护,已验收合格。

(3)所使用材料(如颜料等)已准备充分。

(4)施工方案、施工技术交底已完成。

(5)门窗口位置正确,安装牢固并已采取保护。预留孔洞、预埋件等位置尺寸符合设计要求,门窗口与墙间缝隙应用砂浆堵严。

二、施工步骤

第三步:确定工艺流程

放线、找规矩 – 开缝、修补 – 塞堵门窗口缝及脚手眼等 – 墙面浇水 – 勾缝 – 扫缝 – 找补漏缝 – 清理墙面。

第四步:放线、找规矩

顺墙立缝自上而下吊垂直,并用粉线将垂直线弹在墙上,作为垂直的规矩。水平缝以同层砖的上下棱为基准拉线,作为水平缝控制的规矩。

第五步:开缝、修补

根据所弹控制基准线,凡在线外的棱角,均用开缝凿剔掉(俗称开缝),对剔掉后偏差较大,应用水泥砂浆顺线补齐,然后用原砖研粉与胶粘剂拌合成浆,刷在补好的灰层上,应使颜色与原砖墙一致。

第六步:塞堵门窗口缝及脚手眼等

勾缝前,将门窗台残缺的砖补砌好,然后用1:3水泥砂浆将门窗框四周与墙之间的缝隙堵严塞实、抹平,应深浅一致。门窗框缝隙添塞材料应符合设计及规范要求。堵脚手眼时需先将眼内残留砂浆及灰尘等清理干净,后洒水润湿,用同墙颜色一致的原砖补砌堵严。

第七步:墙面浇水

首先将污染墙面的灰浆及污物清刷干净,然后浇水冲洗湿润。

第八步:勾缝

勾缝砂浆配制应符合设计及相关要求,并且不宜拌制太稀。勾缝顺序应由上而下,先勾水平缝,然后勾立缝。勾平缝时应使用长溜子,操作时左手托灰板，右手执溜子，将拖灰板顶在要勾的缝的下口，用右手将灰浆推入缝内，自右向左喂灰，随勾随移动托灰板，勾完一段，用溜子在缝内左右推拉移动，勾缝溜子要保持立面垂直，将缝内砂浆赶平压实、压光，深浅一致。勾立缝时用短溜子，左手将托灰板端平，右手拿小溜子将灰板上的砂浆用力压下（压在砂浆前沿），然后左手将拖灰板扬起，右手将小溜子向前上方用力推起（动作要迅速），将砂浆叼起勾人主缝，这样可避免污染墙面。然后使溜子在缝中上下推动，将砂浆压实在缝中。勾缝深度应符合设计要求，无设计要求时，一般可控制在4－5mm为宜。

第九步：扫缝

每一操作段勾缝完成后，用笤帚顺缝清扫，先扫平缝，后扫立缝，并不断抖弹笤帚上的砂浆，减少墙面污染。

第十步：找补漏缝

扫缝完成后，要认真检查一遍有无漏勾的墙缝，尤其检查易忽略，挡视线和不易操作的地方，发现漏勾的缝及时补勾。

第十一步：清扫墙面

勾缝工作全部完成后，应将墙面全面清扫，对施工中污染墙面的残留灰痕应用力扫净，如难以扫掉时用毛刷蘸水轻刷，然后仔细将灰痕擦洗掉，便墙面干净整洁。

第十二步：质量检查

（1）清水砌体勾缝所用水泥的凝结时间和安定性复验应合格。砂浆的配合比应符合设计要求。

检验要求：水泥复试取样时应由相关单位进行见证取样，并签字认可。

拌制砂浆配合比计量时，应使用量具，不得采用经验估量法，计量配合比工作应设专人负责。

检验方法：检查复验报告和施工记录。

（2）清水砌体勾缝应无漏勾，勾缝材料应粘结牢固，无开裂。

检验要求：施工中应加强过程控制，坚持工序检查制度，要作好施工记录。

检验方法：观察。

（3）清水砌体勾缝应横平竖直，交接处应平顺，宽度和深度应均匀，表面应压实抹平。

检验要求：参加勾缝的操作人员必须是合格的熟练技工人员，非技工人员须经培训合格后方可进行操作。

检查方法：观察，尺量检查。

（4）灰缝应颜色一致，砌体表面应洁净。

检验要求：勾缝使用的水泥、颜料应是同一品种、同一批量、同一颜色的产品。并一次备足，集中存放，并避免受潮。勾缝完成后要认真清扫墙面。

检查方法：观察。

温馨提示

1．施工中如何做到不污染环境？

（1）现场搅拌站应设污水沉淀池，污水经处理达标后继续利用。施工污水不得随意排放，防止造成土壤和自然水源污染。

（2）施工垃圾消纳应与地方环保部门办理消纳手续或委托合格（地方环保部门认可的）单位组织消纳。

（3）清理施工现场时严禁从高处向下抛撒运输，以防造成粉尘污染。

（4）现场应使用合格的卫生环保设施，严禁随地大小便。

2．施工中对材料有何要求？

（1）水泥

使用前或出厂日期超过三个月必须复验，合格后方可使用。不同品种、不同强度等级的水泥不得混合使用。

（2）砂：要求颗粒坚硬，不含有机有害物质，含泥量不大于3%。

（3）石灰膏：使用时不得含有未熟化颗粒及其他杂质，质地洁白、细腻。

（4）纸筋：要求品质洁净，细腻。

（5）麻刀：要求纤维柔韧干燥，不含杂质。

3．应如何对水泥砂浆抹灰进行施工养护？

水泥砂浆抹灰常温24小时后应喷水养护。冬期施工要有保温措施。

4．斩剁石抹灰对于分格弹线有何要求？

分格弹线应符合设计要求，分格条凹槽深度和宽度应一致，槽底勾缝应平顺光滑，棱角应通顺、整齐，横竖缝交接应平整顺直。

5．假面砖对施工材料有怎样的要求？

（1）水泥：进厂或超过出厂日期三个月必须进行取样复试，合格后方可使用。

（2）砂：要求颗粒坚硬、砂质洁净，含泥量不大于3%。

（3）石灰膏：要求质地洁白、细腻、无杂质。

（4）颜料：应选用耐碱、耐光的矿物性颜料。

第四章
7招教你成为地面找平能手

招式34：教你快眼查找地面平整度误差
招式35：打理好基础地面
招式36：施工前的准备
招式37：铺设水泥砂浆
招式38：打理好基础地面
招式39：施工前的准备
招式40：上自流平

简单基础知识介绍

地面找平是家装中必要的过程之一。一般我们说到的地面找平可以分为两种，一是原始的水泥砂浆地面找平、二是现在广泛运用的自流平水泥找平。两者的意思都是将建筑物的原始地面通过找平使地面平整度达到一点的标准，前者找平使用的是普通的水泥砂浆，找平具有较大的缺陷，一是平整度控制不能做到最大的精确，找平厚度高，其次就是施工工艺容易由于施工方的技术问题导致房屋地面增高不少，地面却依然不平。目前这种水泥砂浆找平的方式基本已经淘汰了，后者是自流平地面找平。这是现在新的一种找平技术，于2005年开始出现在国内建筑地面行业。它采用了高聚合自流平水泥来进行地面处理，优点颇多，可以将地面最薄找平在3毫米，厚度可控性好、地面强度高、平整度远远高于水泥砂浆找平。可以用来做家装地面找平。各类体育场馆地面处理、酒店、办公场所、精密电子车间等对地面要求高的找平。家庭装修铺装木地板前地面找平也适宜使用自流平地面找平。

1. 地面不平的危害

在地面不平的情况下装地板，容易导致地板出现空响。锁扣处破损，墙角冒灰。地板踩着像跷跷板式的感觉，这个时候就损失大了。所以如果是装地板。不管是实木、强化以及强化复合的地板也好，地面的前期处理都是很重要的。另外，如果地面的强度不够，用脚就能踹起灰来，这就是我们常说的起灰。这种现象在装地板后打扫卫生很恼人。无论怎么打扫墙角都会不停地往地板上冒灰。人在地板上走施加了压力导致灰全部从踢脚缝和墙角位置冒了出来。这是由于地面找平时基层处理不到位造成的，因此，施工自流平地面时尽量找专业的地面公司。切忌图省事让装修公司或者是游击队草草处理。

2. 国家建筑地面行业关于地面找平的标准

自从2005年自流平开始在全国的普及使用。建筑地面找平的标准再一次更新了参数标准。以下标准主要是针对家装地面

2平方米内落差＞3毫米【地面不平】

2~3平米内落差＞=5~10毫米【严重不平】

2平方米内落差＜=3毫米【地面合格】

> 行家出招

第一节　查找地平误差

招式 34　教你快眼查找地面平整度误差

1. 认识工具

1）塞尺

塞尺又称测微片或厚薄规，是用于检验间隙的测量器具之一，横截面为直角三角形，在斜边上有刻度，利用锐角正玄直接将短边的长度表示在斜边上，这样就可以直接读出缝的大小了。

塞尺使用前必须先清除塞尺和工件上的污垢与灰尘。使用时可用一片或数片重叠插入间隙，以稍感拖滞为宜。测量时动作要轻，不允许硬插。也不允许测量温度较高的零件。

2）靠尺。工程质量检测器（2 米靠尺）：主要用于墙面、门窗框装饰贴面等工程的垂直水平及任何平面平整度的检测。为 2 米折叠式铝合金制作，仪表为机械指针式。

2. 慧眼识不平

对于家装来说，做地面找平一般都是因为要装木地板了，或者是要做环氧地面了，而发现地面不平，如何来辨别呢？我们一般都是用一根两米的靠尺及塞尺来进行地毯式测量。即在同一位置至少进行交叉方向的测量、如果在靠尺的下方出现了大于 3 毫米甚至是 5 毫米的空隙。这就说明地面不平，已经超出木地板的铺装要求了。

地面找平的问题（同样适合悬浮式铺设实木复合地板）、要清楚地面的平整度误差是否超标，是否需要进行地面找平处理。

1）地面的平整度误差，行业规定小于等于 3 毫米，用两米靠尺和塞尺测量。在室内测点不少于两处，取最大值。如果在这个误差范围内，不用找平。否则，原则上都应该进行找平处理。如果业主不要求找平，因此产生的问题与地板的铺设没有关系。

2）现在的地面，超标的比较多，真正找平的不多，因为找平比较贵。超标不多的，大部分都凑合了。如果差的不多，脚踩有点软，有的甚至有点响声，对地板是不太好，但影响不是很大。超标过多，一定不能凑合。

3）铺设地板后的高度，与其他铺地材料之间的高度差，一定要了解。

第二节　水泥砂浆地面找平办法

水泥砂浆地面找平的规范程序为：基层处理→找标高、弹线→洒水湿润→抹灰饼和标筋→搅拌砂浆→刷水泥浆结合层→铺水泥砂浆面层→木抹子搓平→铁抹子压第一遍→第二遍压光→第三遍压光→养护。

招式35　打理好基础地面

先将基层上的灰尘扫掉，用钢丝刷和錾子刷净、剔掉灰浆皮和灰渣层，用10%的火碱水溶液刷掉基层上的油污，并用清水及时将碱液冲净。

根据墙上的+1000mm水平线，往下量测出面层标高，并弹在墙上。

用喷壶将地面基层均匀洒水一遍。

招式36　施工前的准备

根据房间内四周墙上弹的面层标高水平线，确定面层抹灰厚度（不应小于20mm），然后拉水平线开始抹灰饼（5cm×5cm），横竖间距为1.5－2.0米，灰饼上平面即为地面面层标高。如果房间比较大，还须抹标筋。铺抹灰饼和标筋的砂浆材料配合比均与抹地面的砂浆相同。

招式37　铺设水泥砂浆

搅拌砂浆，应用搅拌机进行搅拌，颜色一致。

在铺设水泥砂浆之前，应涂刷水泥浆一层，不要涂刷面积过大，随刷随铺面层砂浆。涂刷水泥砂浆之后紧跟着铺水泥砂浆，在灰饼之间将砂浆铺均匀。

木刮杠刮平后,立即用木抹子搓平,并随时用2米靠尺检查其平整度。木抹子刮平后,立即用铁抹子压第一遍,直到出浆为止。面层砂浆初凝后,用铁抹子压第二遍,表面压平压光。在水泥砂浆终凝前进行第三遍压光,必须在终凝前完成。

地面压光完工后24小时,铺锯末或其他材料覆盖洒水养护,保持湿润,养护时间不少于7天,抗压强度达5Mpa时才能上人。

第三节 自流平水泥地面找平技术

使用自流平水泥是保证卷材类地板施工质量和装修效果的最基本保证。由于其重要性,必须严格按照施工工艺施工。

招式38 打理好基础地面

基础水泥地面要求清洁、干燥、平整。具体如下:
1. 水泥砂浆与地面间不能空壳
2. 水泥砂浆面不能有砂粒,砂浆面保持清洁
3. 水泥面必须平整,要求两米范围内高低差小于4mm。
4. 地面必须干燥,含水率用专用测试仪器测量不超过17度。
5、基层水泥强度不得小于10Mpa。

招式39 施工前的准备

在自流平水泥施工前,必须用打磨机对基础地面进行打磨,磨掉地面的杂质,浮尘和砂粒。把局部高起较多的地平磨平。打磨后扫掉灰尘,用吸尘器吸干净。

清洁好地面后,上自流平水泥前必须用表面处理剂处理,按要求把处理剂稀释,用不脱毛的羊毛滚按先横后竖的方向把地面处理剂均匀地涂在地面上。要保证涂抹均匀,不留间隙。涂好处理剂后根据不同厂家产品性能的不同,等待一定时间即可进行上面自流平水泥的施工。水泥表面处理剂能增大

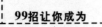

自流平水泥与地面的粘结力,防止自流平水泥的脱壳和开裂。

招式 40　上自流平

准备好一个足够大的桶,严格按照自流平厂家的水灰比加入水,用电动搅拌器把自流平彻底搅拌。搅拌分两次进行,通常第一次搅拌约 5−7 分钟,中间需停顿 2 分钟,让其发生反应,之后再搅拌约 3 分钟。搅拌需彻底,不可有块状或干粉出现。搅拌好的自流平水泥须呈流体状。

搅拌好的自流平尽量在半个小时之内使用。把自流平水泥倒在地面上,用带齿的靶子把自流平靶开,根据要求的厚度靶到不同大小的面积。待其自然流平后用带齿的滚子在上面纵横滚动,放出其中的气体,防止起泡。需特别注意自流平水泥搭接处的平整。

根据现象不同的温度、湿度和通风情况,自流平水泥需 8−24 小时后方能彻底干透,干透前不可进行下一步的施工。

水泥砂浆找平

1)水泥砂浆面层与基层应粘结牢固,不应空鼓。

2)水泥砂浆面层表面应密实压光,不允许有裂缝、脱皮、起沙等缺陷。

3)不泛水的地面,应按设计要求做好泛水,不得有倒泛水现象。

4)用 2m 靠尺检查表面平整度,允许偏差 4mm。

小贴士

1.用水泥砂浆找平地面后,一定要等地面干透了,才能安装地板。测定干湿的方法很简单。用一块塑料膜,铺设再地面,一天后,地面不潮湿、膜上没有水珠,证明地面含水率与环境湿度达到平衡。如果有水珠,或地面潮湿,证明地面向室内环境散发湿气,地面没有干透。

2.完美无缺的自流平施工离不开打磨机,自流平施工完成后,自流平表面可能还会有小的气孔、颗粒及浮尘,门口与走廊也可能有高低差,这些情况都需要打磨机来做进一步的精处理。打磨后用吸尘机把灰尘吸干净。

第五章
20招教你成为防水能手
ershizhaojiaonichengweifangshuinengshou

招式41：确保作业条件合格
招式42：防水工程设计技术要求
招式43：确定工器具
招式44：确定施工流程
招式45：清理基层
招式46：聚氨酯防水涂料地面施工
招式47：厨浴专用防水涂料施工
招式48：防水层细部施工
招式49：地漏处细部做法
……

99招让你成为
nishuigongnengshou

简单基础知识介绍

防水是使用工具、机械在建筑物的防水部位涂刷、铺贴防水材料,使建筑物的防水功能达到使用功能的一个工序。

家庭装修要做好防水,防外漏工作。所谓防外漏,就是防止居室外部渗漏,若渗漏隐患来自于窗户、阳台,原因是窗户和阳台的铝合金门窗安装时,防水、防漏工艺达不到标准或不合格,造成每逢大雨就有渗漏现象,如果装修时不另改动,就要采取补救措施。具体方法为:窗台另安装,另补防水防漏剂,室外部分挖除原来的防水胶,重新打上防水胶。

卫生间和厨房方面的防渗漏。

渗漏的原因是防水没做好。

(一)防漏的做法是:

1. 装修前要认真检查楼上一层的厨房、卫生间是否有渗漏,如果有,则应该先让楼上的防水工程做好后再装修。如果楼上暂时没有住人或因其原因,楼上的防水工程一时处理不了,则应采取措施进行补救:在渗漏部位的底部涂刷聚氨酯,但渗漏部位的抹灰层要处理掉,基层要干燥。

2. 厨房、卫生间装修时,如果将原有墙地砖打掉重新装修,不管原来是否做过防水层,重新贴墙地砖之前都应该重做防水层,四周侧墙防水层高200mm,有浴缸的部位,防水层应该做到淋浴器能喷淋到的所有部位。

3. 厨房、卫生间未装修时的防水处理:原先未做防水层,则按照上述方法加做防水层;原先已做防水层,则应认真检查,看防水层是否到位,有无破损,否则应修补。修补完后注水试验,以楼下及四周墙身无渗漏、无潮湿为合格标准。

4. 厨房、卫生间等多水潮湿的部位装修完工后,其地面的标高宜低于厅房或走廊地面的标高。厨房、卫生间门洞处应安装不怕水的石材,在其根部应做防水处理,严防积水从门洞处往客厅渗水。

5、卫生间、厨房走道间隔的门槛特别需要留意。

在安装门槛前,均需用水泥搅拌加以填充,待干涸后再安放门坎和门,这样就可把每日清洗卫生间、厨房的流水有效地堵住和间隔,有效地达到了防水、防漏作用。

(二)防水工程的三种做法:

1. 用防水剂。先用防水剂掺水泥砂浆在厨房或者卫生间的基层做一遍，待干透了以后，再用防水剂掺水泥素灰在第一次的表层再刷一层，这样主要是为了将第一次干透后所产生的小孔堵死，还有就是将管道的根部要仔细的刷到。

2. 用卷材，首先将基层清理干净，使基层干燥，然后将卷材铺在地面上，用喷枪将卷材加热，使卷材和卷材之间的缝隙黏合。但是卷材比较脆弱，表面容易被回填时候的石子弄破导致漏水，而且对与管道根部不太好处理。

3. 无纺布，这是一种类似于布的东西，将基层用水泥沙浆薄薄的刷一层后，直接将它铺在上面即可。

注意：这三种无论做那种防水，四周都要高出地面300－500mm，以防止水顺着墙而流到下面。

一、厨卫防水

卫生间和厨房是用水比较多的地方，尤其是卫生间的渗漏，是目前较为普遍的问题。卫生间渗漏带给人们很多的烦恼和不便，已经使用的卫生间渗漏翻修不仅施工困难，也会给用户造成很大的损失。因此，做好防水，具有重要意义。

（一）施工准备

招式41 确保作业条件合格

1. 厨厕间楼地面垫层已完成，穿过厨厕间地面及楼面的所有立管、套管已完成，并已固定牢固，经过验收。管周围缝隙用1∶2∶4豆石混凝土填塞密实（楼板底需吊模板）。

2. 厨厕间楼地面找平层已完成，标高符合要求，表面应抹平压光、坚实。平整，无空鼓、裂缝、起砂等缺陷，含水率不大于9%。

3. 找平层的泛水坡度应在2%（即1∶50）以上，不得局部积水，与墙交接处及转角处、管根部，均要抹成半径为100mm的均匀一致、平整光滑的小圆角，要用专用抹子。凡是靠墙的管根处均要抹出5%（1∶20）坡度，避免此处积水。

4. 涂刷防水层的基层表面,应将尘土、杂物清扫干净,表面残留灰浆硬块及高出部分应刮平。对管根周围不易清扫的部位,应用毛刷将灰尘等清除,如有坑洼不平处或阴阳角未抹成圆弧处,可用众霸胶:水泥:砂 = 1:1.5:2.5 砂浆修补。

5. 基层做防水涂料之前,在突出地面和墙面的管根、地漏、排水口、阴阳角等易发生渗漏的部位,应做附加层增补。对洁具、器具等设备及门框、预埋件等沿墙周围交界处,均应采用高性能的密封材料密封。

6. 厨厕间墙面按设计要求及施工规定(四周至少上卷300mm)有防水的部位,墙面基层抹灰要压光,要求平整,无空鼓、裂缝、起砂等缺陷。穿过防水层的管道及固定卡具应提前安装,并在距管50mm范围内凹进表层5mm,管根做成半径为10mm的圆弧。

7. 凡是有防水要求的房间地面,如果面积超过两个开间,在板支承端处的找平层和刚性防水层上,均应设置宽为10-20mm的分格缝,并嵌填密封材料。地面宜采取刚性和柔性材料复合防水的做法。

8. 厨、浴间墙裙可贴瓷砖,高度不低于1500mm;上部可做涂膜防水层,或贴满瓷砖。

9. 根据墙上的50cm标高线,弹出墙面防水高度线,标出立管与标准地面的交界线,涂料涂刷时要与此线平。

10. 厨厕间做防水之前必须设置足够的照明设备(安全低压灯等)和通风设备。

11. 穿出地面的管道,其预留孔应采用细石混凝土填塞,管道四周应设凹槽,并用密封材料封严,且与地面防水层相连接。

12. 防水材料一般为易燃有毒物品,储存、保管和使用要远离火源,施工现场要备有足够的灭火器材,施工人员要着工作服,穿软底鞋,并设专业工长监管。

13. 环境温度保持在 +5℃以上。

招式42 防水工程设计技术要求

防水材料的选择。应根据工程性质选择不同档次的防水材料。A. 高档防水涂料,如双组分聚氨酯防水材料。B. 中档防水材料,如丁苯胶防水涂料。C. 低档防水涂料,如APP、SBS橡胶改沥青基防水材料。

排水坡度确定。A.厨浴间的地面应该有1%-2%的坡度。地漏处排水坡度,以地漏边向外50mm排水坡度为3%-5%。

地漏标高应该根据门口至地漏的坡度定,必要时设计门槛。

厨房可设排水沟,其坡度不得少于3%。排水沟的防水层应该与地面防水层相连。

防水层要求。地面防水层原则要求在地面面层以下,四周应该高出地面250mm,小管必须做套管,高出地面20mm。管道防水用建筑密封膏进行密封处理。

下水管为直管,管根高出地面。根据管位设台处理,一般高出地面10-20mm。

防水层做好后再做地面。一般做水泥砂浆地面或贴地面砖等。

电器防水。电气防水须走暗管敷线,接口需封严。电气开关、插座及灯具须采取防水措施。

电气设备应避开直接用水的范围,保证安全。

设备防水。设备管线明暗皆有。一般设计明管要求接口严密,节门开关灵活无漏水。

装修防水。要求装修材料耐水。面砖的粘结剂除强度,黏结力好,还要具有耐水性。

涂膜防水的厚度。高档防水涂料厚度要求1mm;中档防水材料要求厚度为2mm;低挡防水涂料要求厚度为3mm。

招式43 确定工器具

主要机具:电动搅拌器、搅拌捅、小漆桶、塑料刮板、铁皮小刮板、橡胶刮板、弹簧秤、毛刷、滚刷、小抹子、油工铲刀、笤帚等。

招式44 确定施工流程

基层清理→细部附加层施工→第一层涂膜→第二层涂膜→第三层涂膜→第一次试水→保护层施工→第二次试水→工程质量验收。

施工步骤

招式 45　清理基层

1. 厨厕间楼地面垫层已完成,穿过厨厕间地面及楼面的所有立管、套管已完成,并已固定牢固,经过验收。管周围缝隙用混凝土填塞密实。

2. 厨厕间楼地面找平层已完成,标高符合要求,表面应抹平压光、坚实。平整,无空鼓、裂缝、起砂等缺陷,含水率不大于9%。

3. 找平层的泛水坡度应在2%(即1∶50),以上不得局部积水,与墙交接处及转角处、管根部,均要抹成半径为100mm的均匀一致、平整光滑的小圆角、要用专用抹子。凡是靠墙的管根处均要抹出5%(1∶20)坡度,避免此处积水。

4. 涂刷防水层的基层表面,应将尘土、杂物清扫干净,表面残留灰浆硬块及高出部分应刮平,扫除。对管根周围不易清扫的部位,应用毛刷将灰尘等清除,如有坑洼不平处或阴阳角未抹成圆弧处,可用砂浆修补。

5. 基层做防水涂料之前,在突出地面和墙面的管根、地漏、排水口、阴阳角等易发生渗漏的部位,应做附加层增补。

6. 厨厕间墙面按设计要求及施工规定(四周至少上卷300mm)有防水的部位,墙面基层抹灰要压光,要求平整,无空鼓、裂缝、起砂等缺陷。穿过防水层的管道及固定卡具应提前安装,管根做成半径为10mm的圆弧。

招式 46　聚氨酯防水涂料地面施工

将聚氨酯甲、乙两组分别与二甲苯按1∶1.5∶2的比例搅拌均匀即可使用。先在阴阳角、管道根部用滚动刷或油漆刷均匀涂刷一遍,然后大面积涂刷,材料用量为$0.15-0.2kg/m^2$。涂刷后干燥4小时以上,才能进行下一工序施工。

涂刷附加增强层防水材料。在地漏、管道根、阴阳角和出入口等容易漏水的薄弱部位,应先用聚氨酯防水涂料按照甲∶乙=1∶1.5的比例混合;均匀涂抹一次做附加增强层处理。按设计要求,细部构造也可做带胎体增强材料的附加增强层处理。胎体增强材料宽度300-500mm,搭接缝100mm,施工时,边铺贴平整,边涂刷聚氨酯防水材料。

涂刮第一遍涂料。将聚氨酯防水涂料按照甲∶乙=1∶1.5的比例混合,开动电搅拌机,搅拌3-5分钟,用胶皮刮板均匀涂刮一遍。操作时要厚薄一致,用料量为 $0.8-1.0kg/m^2$,立面涂抹高度不应小于 100mm。

刮涂第二遍涂料。待第一遍涂料固化干燥后,要按照上述方法刮涂第二遍涂料。刮涂方向应与第一遍垂直,用料与第一遍相同。

刮涂第三遍涂料。待第二遍涂料固化干燥后,要按照上述方法刮涂第三遍涂料,用料量为 $0.4-0.5kg/m^2$

招式 47 HB 厨浴专用防水涂料施工

(一)细部附加层施工

1. 打开包装桶后先搅拌均匀。不要用水或其他材料稀释产品。
2. 细部附加层施工:用油漆刷蘸搅拌好的涂料在管根、地漏、阴阳角、等容易漏水的薄弱部位均匀涂刷,不得漏涂(地面与墙角交接处,涂膜防水上卷墙上 250mm 高)。常温 4 小时表干后,再刷第二道涂膜防水涂料,24 小时实干后)即可进行大面积涂膜防水层施工,每层附加层厚度宜为 0.6mm。

(二)涂膜防水层施工

HB 厨卫专用防水涂料一般厚度为 1.1mm、1.5mm、2.0mm,根据设计厚度不同,可分成两遍或三遍进行涂膜施工。

1. 打开包装桶先搅拌均匀。
2. 第一层涂膜:将已搅拌好的 HB 厨卫专用防水涂料用塑料或橡胶刮板均匀涂刮在已涂好底胶的基层表面上,厚度为 0.6mm,要均匀一致,刮涂量以 $0.6 \sim 0.8kg/m^2$ 为宜,操作时先墙面后地面,从内向外退着操作。
3. 第二道涂膜:第一层涂膜固化到不粘手时,按第一遍材料施工方法,进行第二道涂膜防水施工。为使涂膜厚度均匀,刮涂方向必须与第一遍刮涂方向垂直,刮涂量比第一遍略少,厚度为 0.5mm 为宜。
4. 第三层涂膜:第二层涂膜固化后,按前述两遍的施工方法,进行第三遍刮涂,刮涂量以 $0.4 \sim 0.5k/m^2$ 为宜(如设计厚度为 1.5mm 以上时,可进行第四次涂刷)。
5、撒粗砂结合层:为了保护防水层,地面的防水层可不撒石渣结合层,其结合层可用 1:1 的 108 胶或众霸胶水泥浆进行扫毛处理,地面防水保护层施工后,在墙面防水层滚涂一遍防水涂料,未固化时,在其表面上撒干净的 2~3mm 砂粒,以增加其与面层的粘结力。

招式 48 防水层细部施工

管根与墙角

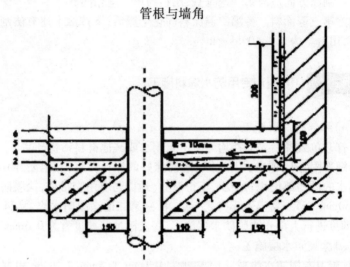

1-楼板 2-找平层(管根与墙角做半径 R=10mm 圆弧,凡靠墙的管根处均抹出5%坡度 3-防水附加层(宽150mm,管根处与标准地面平) 4-防水层 5-防水保护层 6-地面面层

招式 49 地漏处细部做法

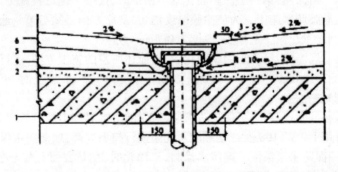

1-楼板 2-找平层(管根与墙角做半径 R=10mm 圆弧) 3-防水附加层(宽150mm,管根处与标准地面平) 4-防水层 5-防水保护层 6-地面面层

招式 50　门口细部做法

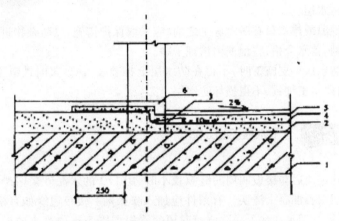

1－楼板　2－找平层(转角处做成半径 R = 100mm 圆弧)　3－防水附加层(宽 150mm,高与地面平)　4－防水层(出外墙面 250mm)　5－防水保护层　6－地面面层

招式 51　涂膜防水层的验收

根据防水涂膜施工工艺流程,对每道工序进行认真检查验收,做好记录,须合格方可进行下道工序施工。防水层完成并实干后,对涂膜质量进行全面验收,要求满涂,厚度均匀一致,封闭严密,厚度达到设计要求(做切片检查)。防水层无起鼓、开裂、翘边等缺陷。经检查验收合格后可进行蓄水试验,(水面高出标准地面 20mm),24 小时无渗漏,做好记录,可进行保护层施工。

招式 52　成品保护

1.涂膜防水层操作过程中,操作人员要穿平底鞋作业,穿肌面及墙面等处的管件和套管、地漏、固定卡子等,不得碰损、变位。涂防水涂膜施工时,不得污染其他部位的墙地面、门窗、电气线盒、暖卫管道、卫生器具等。

2. 涂膜防水层每层施工后，要严格加以保护，在厨卫间门口要设醒目的禁入标志，在保护层施工之前，任何人不得进入，也不得在上面堆放杂物，以免损坏防水层。

3. 地漏或排水口在防水施工之前，应采取保护措施，以防杂物进入，确保排水畅通，蓄水合格，将地漏内清理干净。

4. 防水保护层施工时，不得在防水层上拌砂浆，铺砂浆时铁锹不得触及防水层，要精工细致，不得损坏防水层。

招式53 上下水根部的处理

立管定位后与楼板四周的缝隙较小时，用1:3的水泥砂浆堵严实，缝隙较大时用细石混凝土浇实。有条件应加入膨胀剂。楼板边缘如有松动的石块，要撬掉并用水冲洗干净。浇筑时要使管根周围5cm内高出楼板，并做成凸台，与楼板连接处抹成圆角。凸台的高度根据排水坡度确定，管根部与地漏的排水坡度以2%为宜。

管子周围先用密封膏封一道，上面再做涂膜防水层，管根部位要多做一层。

招式54 套管根部的处理

钢套管根部的处理与上下管基本相同。暖气管、热水管必须加钢套管，钢套管应高于地砖表面30－40mm，套管的内径应比热水管外径大5－7mm，管缝用密封膏封严。

卫生间地漏防水的做法：

A. 地漏一般在楼板上预留管孔，然后再安装地漏。地漏立管安装固定后，将管孔四周混凝土松动石子清除干净，浇水湿润，然后板底支模板，灌1:3水泥砂浆或C20细石混凝土，捣实、堵严、抹平，细石混凝土宜掺微膨胀剂。

B. 厕、浴间垫层向地漏找1%－3%坡度，垫层厚度小于30mm时用水泥混合砂浆；大于30mm时用水泥炉渣材料或C20细石混凝土一次找坡、找平、抹光。

C. 地漏上口周围用 20mm×30mm 密封材料封严,上面做涂膜防水层。

D. 地漏口周围,直接穿过地面或墙面防水层管道及预埋件的周围找平层之间应该预留宽 10mm、深 7mm 的凹槽,并嵌填密封材料,地漏离墙面净距离宜为 50-80cm。

招式 55　马桶的防水

马桶安装固定后,与穿楼板立管做法一样,用 C20 细石混凝土灌孔堵严抹平,并在立管接口处四周用密封材料交圈封严,尺寸为 20mm×20cm,上面防水层做至管顶部。

马桶与下水管相连接的部位最易发生渗漏,应与两者(陶瓷与金属)都有良好黏结性能的密封材料封闭密实。下水管穿过钢筋混凝土现浇板的处理方法与穿楼板管道防水做法相同,膨胀橡胶止水条的黏贴方法与穿楼板管道相同。

招式 56　穿楼板管道防水

1. 穿楼板管道一般包括冷、热水管、暖气管、污水管、煤气管、排气管等。一般均在楼板上预留管孔或采用手持式薄壁钻孔机钻孔成型,然后再安装立管。

2. 穿楼板管道的防水做法有两种处理方法:一种是在管道四周嵌填 UEA 管件接缝砂浆;另一种是在此基础上,在管道外壁箍贴膨胀橡胶止水条。

3. 立管安装固定后,将管孔四周松动石子凿除,如管孔过小则应按照规定凿大。然后,在板底支模板,孔壁洒水湿润,刮 107 浇水一遍,灌注 C20 细石混凝土,比板面低 15MM 并捣实抹平。细石混凝土中宜掺微膨胀剂。终凝后洒水养护,两天内不碰管子。

4. 待灌缝混凝土达到一定强度后,将管根四周及凹槽内清理干净并使之干燥,凹槽底部垫以牛皮纸或其他背衬材料,凹槽四周及管根壁涂刷基层处理剂。然后将密封材料挤压在凹槽内,并用腻子刀刮压严实与板面齐平,务必使之饱满、密实、无气孔。

E. 地面施工找坡、找平层时,在管根四周均应留出 15mm 宽缝隙,待地面防水施工防水层时再二次嵌填密封材料将其封严,以便使密封材料与地面防水层连接。

5.将管道外壁20mm高范围内,清除灰浆和油污杂质,涂刷基层处理剂,然后按设计要求涂刷防水材料。如立管有钢套管时,套管上缝应该用密封材料封严。

6.地面面层施工时,在管根四周50mm处,最少应该高出地面5mm成馒头形。当立管位置在转角墙处,应有5%的坡度。

二、屋面防水工程

(一)施工准备

招式57 保证材料质量

1.规格、材质满足设计要求。

防水卷材:三元乙丙橡胶防水卷材。必须有出厂质量合格证,有相应资质等级检测部门出具的检测报告、产品性能和使用说明书;进场后应进行外观检查,合格后按规定取样复试,并实行有见证取样和送检。

底胶:聚氨酯底胶(相当于冷底子油)分甲、乙两组份,甲为黄褐色胶体,乙为黑色胶体。

CX—404胶:为黄色混浊胶体,用于基层及卷材粘结。

聚氨酯涂膜材料:用于处理接缝、增补、密封处理,分甲、乙组份。

丁基粘结剂:用于卷材接缝,分A、B两组份,A为黄浊胶体,B为黑色胶体。

聚氨酯嵌缝膏:用于密封卷材收头部位,分甲、乙组份。

二甲苯或乙酸乙酯:用于稀释或清洗工具。

高聚物改性沥青防水卷材:是合成高分子聚合物改性沥青油毡。

氯丁橡胶沥青胶粘剂:由氯丁橡胶加入沥青及溶剂等配制而成,为黑色液体。

橡胶沥青嵌缝膏:即密封膏,用于细部嵌固边缝。

保护层材料:依设计要求。

70号汽油、二甲苯,用于清洗受污染的部位。

2.要用到的工具

电动搅拌器、高压吹风机、自动热风焊接机、铁抹子、滚动刷、汽油喷灯、钢卷尺、剪刀、笤帚、小线、粉笔等。

招式58 确保作业条件合格

找平层施工完毕,并经养护、干燥,含水率不大于9%。

找平层坡度应符合设计要求.不得有空鼓、开裂、起砂、脱皮等缺陷。

各种阴阳角、管根抹圆角。

立面上卷最小高度要保证≥250mm。

做好挑沿、女儿墙、入孔、沉降缝等防腐木砖,沉降缝顶要做坡,以利于铁皮封盖。

下水口的位置、出墙距离不能影响雨漏斗的安装,不能与各楼层的通气孔、空调孔紧贴。

安全防护到位并经安全员验收,备好卷材及配套材料,存放和操作应远离火源,防止发生事故。

招式59 确定工艺流程(热熔法施工)

清理基层→涂刷基层处理剂→铺贴卷材附加层→铺贴卷材→热熔封边→蓄水试验→保护层。

1. 清理基层

A. 施工前将验收合格的基层表面尘土、杂物清理干净。

B. 涂刷基层处理剂

C. 高聚物改性沥青卷材施工,按产品说明书配套使用,基层处理剂是将氯丁橡胶沥青胶粘剂加入工业汽油稀释,搅拌均匀,用长把滚刷均匀涂刷于基层表面上,常温经过4小时后,开始铺贴卷材。

2. 附加层施工

一般热熔法使用改性沥青卷材对防水层施工前,在女儿墙、水落口、管根、檐口、阴阳角等细部先做附加层,附加的范围应符合设计要求。

3. 铺贴卷材

卷材的层数、厚度应符合设计要求。多层铺贴时接缝应错开。将改性沥青防水卷材剪成相应尺寸,用原卷心卷好备用;铺贴时随放卷随用火焰喷枪加热基层和卷材的交接处,喷枪距加热面300mm左右,经往返均匀加热,趁卷材的材面刚刚熔化时,将卷材向前滚铺、粘贴。

卷材应从流水坡度的下坡开始,按卷材规格弹出基准线铺贴,并使卷材的长边与流水坡向垂直。注意卷材配制应减少阴阳角处的接头。

铺贴平面与立面相连接的卷材,应由下向上进行,使卷材紧贴阴阳角,铺展时对卷材不可拉得太紧,且不得有皱褶、空鼓等现象。

4. 热熔封边

将卷材搭接处用喷枪加热,趁热使二者粘结牢固,以边缘挤出沥青为度;末端收头用密封膏嵌填严密。

5. 防水层蓄水试验

卷材防水层完工后,确认做法符合设计要求,将所有雨水口堵住,然后灌水,水面应高出屋面最高点20mm,24小时后进行认真观察,尤其是管根、风道根,不渗不漏为合格,否则应进行返工。

6. 防水保护层施工

上人屋面按设计要求做各种刚性防水层屋面保护层。不上人屋面做保护层有两种形式:

防水层表面涂刷氯丁橡胶沥青胶粘剂,随即撒石片,要求铺撒均匀,粘结牢固,形成石片保护层。

防水层表面涂刷银色反光涂料。

7. 成品保护

已铺的卷材防水层,应采取措施进行保护,严禁在防水层上进行施工作业和运输,并应及时做防水层的保护层。

穿过屋面、墙面防水层处的管道,施工中与完工后不得损坏变位。

变形缝、水落口等处防水层施工前,应进行临时封堵,防水层完工后,应清除,保证管、缝内通畅,满足使用功能。

屋面施工时不得污染墙面、檐口及其他成品。

招式60 地下室防水施工技术

一、施工准备

第一步：准备合格的材料

材料：聚氨酯防水涂料、200g 油毡，有出厂合格证并经复试合格后方可使用。

第二步：确保作业条件合格

1）防水基层清理干净，清扫浮灰，基层表面要平整，无起砂、龟裂现象。在防水层上口部位的外墙上弹好通长水平墨线。

2）防水基层应检验收合格。

3）注意收听天气预报，有雨天气不得施工。

二、施工步骤

第三步：确定施工流程

基层处理 → 基层已检 → 涂刷底涂 → 做附加层 → 涂刷第二遍 → 涂刷第三遍 → 花铺油毡一层 → 检查验收

第四步：基层处理

防水找平层已施工完毕，并经验收合格，找平层表面平整度的最大允许偏差为 5mm，找平层已清扫干净，无明水，基层最优含水率控制在 30~50%，阴阳角均已做成 R=20mm 的圆角。

地下室墙面止水螺杆处的小木块剔除，并将螺栓杆周围剔成喇叭状，深 20~30mm，然后用割枪将螺栓杆从根部割除，将栓孔洗刷干净并用 1:2 的水泥砂浆（内掺 12% 膨胀剂）填实，表面分两次压实抹平。

将外墙面上的砂浆、浮灰清理干净，墙面凸出物用磨光机打磨平整，凸凹不平处用 1:2 水泥砂浆补平。外墙面必须干燥，含水率 <12%。

第五步：涂刷底涂

在基层上先刷一层底涂，底涂料按甲组份：乙组份 = 1:2（重量比）配置，用电动搅拌器将混合物搅拌均匀。底涂用滚动刷涂刷、橡胶板刮平。涂刷要均匀，不得漏涂。

第六步：做附加层

底涂干燥后（正常气温下约 24 小时），涂第一道涂层，同时铺贴一道玻璃网布,搭接长度不小于10cm;涂层用橡胶刮板刮平,厚度要均匀一致,内部不得存有气泡。涂料使用前,要用电动搅拌器搅拌均匀。在阴阳角部位及出墙面管道根部,均要粘贴双层玻璃网布,宽度不少于40cm。

第七步:涂刷第二第三层

第一道涂层实干后,即刮涂完成24小时后,刮涂第二道涂层;然后依次刮涂第三道。

第八步:特殊部位处理

在基础底板砖胎模上口部位,先清除保护砖及覆盖在防水层上的塑料薄膜,将浮灰等杂物清理干净,将外墙防水层与底板防水层相接。

第九步:成品保护

1)防水施工时,将基坑四周进行围护,严禁非防水施工人员进入。

2)防水施工时,如遇雨天,必须用塑料布将刚施工完的防水层进行覆盖,避免雨淋。

3)拆除操作架、搬运料具时,要避免碰、刮防水层。

4)防水层施工完毕后,将基坑东北角大模堆场部位用钢管护栏进行围护。

第六章
10招教你成为垫层施工能手
shizhaojiaonichengweidiancengshigongnengshou

招式61：了解工具及作业条件
招式62：质量关键要求
招式63：施工如何保障健康
招式64：保护施工环境安全
招式65：成品保护
招式66：灰土垫层施工技术
招式67：砂垫层和砂石垫层施工技术
招式68：碎石垫层和碎砖垫层施工技术
招式69：找平层工程施工技术
招式70：水泥混凝土垫层施工技术

简单基础知识介绍

垫层指的是设于基层以下的结构层。其主要作用是隔水、排水、防冻以改善基层和土基的工作条件。

垫层为介于基层与土基之间的结构层，在土基水温状况不良时，用以改善土基的水温状况，提高路面结构的水稳性和抗冻胀能力，并可扩散荷载，以减少土基变形。

垫层使用条件和一般规定如下：

1. 路基经常处于潮湿和过湿状态的路段，以及在季节性冰冻地区产生冰冻危害的路段应设垫层。

2. 垫层材料有粒料和无机结合料稳定土两类。粒料包括天然沙砾、粗砂、炉渣等。采用粗砂和天然沙砾时，小于0.074mm的颗粒含量应小于5%；采用炉渣时，小于2mm的颗粒；3. 垫层厚度要按当地经验确定，在季节性冰冻地区路面总厚度小于防冻最小厚度时，应以垫层材料补足。

垫层要注意与基础区分。很容易混淆这两个工程概念。垫层、基础材料不同时以材料划分，设计上会有阐述。材料是相同混凝土时，则大于20CM算基础，小于、等于20CM算垫层。

垫层设计要考虑基础、地基承载。

行家出招

招式61 了解工具及作业条件

蛙式打夯机、机动翻斗、手扶式振动压路机、筛子(孔径6～10mm和16～20mm两种)、标准斗、靠尺、铁耙、铁锹、水桶、喷壶、手推胶轮车等。

1. 作业条件

1) 基土表面干净、无积水，已检验合格并办理已检手续。

2) 基础墙体、垫层内暗管理埋设完毕，并按设计要求予以稳固，检查合格，并办理中间交接验收手续。

3）在室内墙面已弹好控制地面垫层标高和排水坡度的水平控制线或标志。

4）施工机具设备已备齐,经维修试用,可满足施工要求,水、电已接通。

招式62 质量关键要求

1）生石灰块熟化不良,没有认真过筛,颗粒过大,造成颗粒遇水熟化体积膨胀,会将上层构造层拱裂,务必认真对待熟石灰的过筛要求。

2）灰土拌和料应严格控制含水量,认真作好计量工作。

3）管道下部应注意按要求分层填土夯实,避免漏夯或夯填不密实,造成管道下方空虚,垫层破坏,管道折断,引起渗漏塌陷事故。

4）施工温度不应低于+5℃,铺设厚度不应小于100mm。

招式63 施工如何保障健康

1）灰土铺设、粉化石灰和石灰过筛,操作人员应戴口罩、风镜、手套、套袖等劳动保护用品,并站在上风头作业。

2）施工机械用电必须采用三级配电两级保护,使用三相五绊制,严禁乱拉乱扯;打夯机操作人员,必须戴绝缘手套和穿绝缘鞋,防止漏电伤人。

招式64 保护施工环境安全

1）垫层工程施工采用掺有水泥、石灰的拌和料铺设时,各层环境温度的控制不应低于5℃;当低于所规定的温度施工时,应采取相应的冬期措施。

2）对扬尘的控制:配备洒水车,对于土、石灰粉等洒水或覆盖,防止扬尘。

3）对机械的噪声控制:符合国家和地方的有关规定。

4）灰土铺设、粉化石灰和石灰过筛,操作人员应戴口罩、风镜、手套、套袖等劳动保护用品,并站在上风头作业。

5）夜间施工时,要采用定向灯罩防止光污染。

招式 65　成品保护

垫层铺设完毕,应尽快进行面层施工,防止长期曝晒。

搞好垫层周围排水措施,刚施工完的垫层,雨天应做临时覆盖,3 天内不得受雨水浸泡。

冬期应采取保温措施,防止受冻。

已铺好的垫层不得随意挖掘,不得在其上行驶车辆或堆放重物。

招式 66　灰土垫层施工技术

一、施工准备

第一步:准备合格的施工材料

（1）土料

宜优先选用黏土、粉质黏土或粉土,不得含有有机杂物,使用前应选过筛,其粒径不大于 15mm。

（2）石灰

石灰应用块灰,使用前应充分熟化过筛,不得含有粒径大于 5mm 的生石灰块,也不得含有过多的水分。也可采用磨细生石灰,或用粉煤灰、电石渣代替。

二、施工步骤

第二步:确定施工流程

灰土拌合 → 基土清理 → 弹线、设标志 → 分层铺灰土 → 夯打密实 → 找平验收

第三步:清理基土

铺设灰土前先检验基土土质,清除松散土、积水、污泥、杂质,并打底夯两遍,使表土密实。

第四步:弹线、设标志

在墙面弹线,在地面设标桩,找好标高、挂线,作控制铺填灰土厚度的标准。

第五步:灰土拌合

1) 灰土垫层应采用熟化石与黏土(或粉质黏土、粉土)的拌合料铺设,其厚度不应小于100mm。黏土含水率应符合规定。

2) 灰土的配合比应用体积比,除设计有特殊要求外,一般为石灰:黏土 = 2:8 或 3:7。通过标准斗,控制配合比。拌合时必须均匀一致,至少翻拌两次,灰土拌合料应拌合均匀,颜色一致,并保持一定的温度,加水量宜为拌合料总重量的16%。工地检验方法是:以手握成团,两指轻捏即碎为宜。如土料水分过大或不足时,应晾干或洒水湿润。

第六步:分层铺灰土与夯实

1) 灰土垫层应铺设在不受地下水浸泡的基土上。施工后应有防止水浸泡的措施。

2) 灰土垫层应分层夯实,经湿润养护、晾干后方可进行下一道工序施工。

3) 灰土摊铺虚铺厚度一般为 150~250mm(夯实后约 100~150mm 厚),垫层厚度超过150mm应由一端向另一端分段分层铺设,分层夯实。各层厚度钉标桩控制,夯实采用蛙式打夯机或木夯,大面积宜采用小型手扶振动压路机,夯打遍数一般不少于三遍,碾压遍数不少于六遍;人工打夯应一夯压半夯,夯夯相接,行行相接,纵横交错。灰土最小干密度(g/cm^3):对黏土为1.45;粉质黏土1.50;粉土1.55。灰土夯实后,质量标准可按压实系数(λc)进行鉴定,一般为0.93~0.95。每层夯实厚度应符合设计,在现场试验确定。

第七步:垫层接缝

灰土分段施工时,上下两层灰土的接槎距离不得小于500mm。当灰土垫层标高不同时,应作成阶梯形。接槎时应将槎子垂直切齐。接缝不要留在地面荷载较大的部位。

第八步:找平与验收

灰土最上一层完成后,应拉线或用靠尺检查标高和平整度,超高处用铁锹铲平;低洼处应及时补打灰土。

招式67 砂垫层和砂石垫层施工技术

一、施工准备

第一步:准备合格的施工材料

砂石应优先选用天然级配材料,材料级配符合设计和施工要求;不得有粗细颗粒分离现象。

第二步：确保作业条件合格

（1）基土表面干净、无积水，已检验合格并办理已检手续。

（2）基础墙体、垫层内暗管理埋设完毕，并按设计要求予以稳固，检查合格，并办理中间交接验收手续。

（3）在室内墙面已弹好控制地面垫层标高和排水坡度的水平控制线或标志。

（4）施工机具设备已备齐，经维修试用，可满足施工要求，水、电已接通。

二、施工步骤

第三步：确定施工流程

基层清理 ⟶ 弹线、设标志 ⟶ 分层铺筑 ⟶ 洒水 ⟶ 夯实或碾压 ⟶ 找平验收

第四步：清理基土

铺设垫层前先检验基土土质，清除松散土、积水、污泥、杂质，并打底夯两遍，使表土密实。

第五步：弹线、设标志

在墙面弹线，在地面设标桩，找好标高、挂线，作控制铺填灰土厚度的标准。

第六步：分层铺筑砂（或砂石）

1）铺筑砂（或砂石）的厚度，一般为150－200mm，不宜超过300mm，分层厚度可用样桩控制。视不同条件，可选用夯实或压实的方法。大面积的砂垫层，铺填厚度可达350mm，宜采用6~10t的压路机碾压。

2）砂和砂石宜铺设在同一标高的基土上，如深度不同时，基土底面应挖成踏步和斜坡形，接槎处应注意压（夯）实。施工应按先深后浅的顺序进行。

3）分段施工时，接槎处应作成斜坡，每层接槎处的水平距离应错开0.5－1.0m，并充分压（夯）实。

第七步：洒水

铺筑级配砂在夯实碾压前，应根据其干湿程度和气候条件，适当洒水湿润，以保持砂的最佳含水量，一般为8%~12%。

第八步：碾压或夯实

1）夯实或碾压的遍数，由现场试验确定，作业时应严格按照试验所确定

的参数进行。用打夯机夯实时,一般不少于3遍,木夯应保持落距为400~500mm,要一夯压半夯,夯夯相接,行行相连,全面夯实。采用压路机碾压,一般不少于4遍,其轮距搭接不小于500mm。边缘和转角处应用人工或蛙式打夯机补夯密实,振实后的密实度应符合设计要求。

2)当基土为非湿陷性土层时,砂垫层施工可随浇水随压(夯)实。每层虚铺厚度不应大于200mm。

第九步:找平和验收

施工时应分层找平,夯压密实,最后一层压(夯)完成后,表面应拉线找平,并且要符合设计规定的标高。

招式68 碎石垫层和碎砖垫层施工技术

一、施工准备

第一步:准备合格的材料

(1)碎石

宜采用强度均匀、质地坚硬未风化的碎石,粒径一般为5~40mm,且不大于垫层厚度的2/3。

(2)碎砖

碎砖粒径20~60mm,不得夹有风化、酥松碎块、瓦片和有机杂质。

第二步:确保施工条件合格

(1)基土表面干净、无积水,已检验合格并办理隐检手续。

(2)基础墙体、垫层内暗管埋设完毕,并按设计要求予以稳固,检查合格,并办理中间交接验收手续。

(3)在室内墙面已弹好控制地面垫层标高和排水坡度的水平控制线或标志。

(4)施工机具设备已备齐,经维修试用,可满足施工要求,水、电已接通。

二、施工步骤

第三步:确定施工流程

清理基土 → 弹线、设标志 → 分层铺设 → 夯(压)实 → 验收

第四步:清理基土

铺设碎石前先检验基土土质,清除松散土、积水、污泥、杂质,并打底夯两遍,使表土密实。

第五步:弹线、设标志

在墙面弹线,在地面设标桩,找好标高、挂线,作控制铺填灰土厚度的标准。

第六步:分层铺设、夯(压)实

1)碎石和碎砖垫层的厚度不应小于100mm,垫层应分层压(夯)实,达到表面坚实、平整。

2)碎石铺时按线由一端向另一端铺设,摊铺均匀,不得有粗细颗粒分离现象,表面空隙应以粒径为5~25mm的细碎石填补(施工方法参照砂石垫层施工)。铺完一段,压实前洒水使表面湿润。小面积房间采用木夯或蛙式打夯机夯实,不少于三遍;大面积宜采用小型振动压路机压实,不少于四遍,均夯(压)至表面平整不松动为止。夯实后的厚度不应大于虚铺厚度的3/4。

3)碎砖垫层按碎石的铺设方法铺设,每层虚铺厚度不大于200mm,洒水湿润后,采用人工或机械夯实,并达到表面平整、无松动为止,高低差不大于20mm,夯实后的厚度不应大于虚铺厚度的3/4。

4)基土表面与碎石、碎砖之间应先铺一层5~25mm碎石、粗砂层,以防局部土下陷或软弱土层挤入碎石或碎砖空隙中使垫层破坏。

招式69 找平层工程施工技术

一、施工准备

第一步:准备合格的施工材料

(1)水泥采用硅酸盐水泥、普通硅酸盐水泥或矿渣硅酸盐水泥,其强度等级不得低于32.5级。

(2)砂宜采用中砂或粗砂,含泥量不应大于3%。

(3)石采用碎石或卵石,粗骨料的级配要适宜,其最大粒径不应大于垫层厚度的2/3,含泥量不应大于2%。

(4)水宜采用饮用水。

(5)外加剂:混凝土中掺用外加剂的质量应符合现行国家标准《混凝土外

加剂》(GB 8076)的规定。

第二步:确保作业条件合格

(1)楼地面基层施工完毕,暗敷管线、预留孔洞等已经验收合格,并作好记录。

(2)垫层混凝土配合比已经确认,混凝土搅拌后对混凝土强度等级、配合比、搅拌制度、操作规程等进行挂牌。

(3)控制找平层标高的水平标高控制线已弹完。

(4)楼板孔洞已进行可靠封堵。

(5)水、电布线到位,施工机具、材料已准备就绪。

二、施工步骤

第三步:确定施工流程

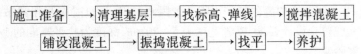

第四步:清理基层

浇筑混凝土前,应清除基层的淤泥和杂物;基层表面平整度应控制在10mm内。

第五步:找标高、弹线

根据墙上水平标高控制线,向下量出找平层标高,在墙上弹出控制标高线。找平层面积较大时,采用细石混凝土或水泥砂浆找平墩控制垫层标高,找平墩60mm×60mm,高度同找平层厚度,双向布置,间距不大于2m。用水泥砂浆做找平层时,还应冲筋。

第六步:混凝土或砂浆搅拌

1)混凝土搅拌机开机前应进行试运行,并对其安全性能进行检查,确保其运行正常。

2)混凝土搅拌时应先加石子,后加水泥,最后加砂和水,其搅拌时间不得少于1.5min,当掺有外加剂时,搅拌时间应适当延长。

3)水泥砂浆搅拌先向已转动的搅拌机内加入适量的水,再按配合比将水泥和砂子先后投入,再加水至规定配合比,搅拌时间不得少于2min。

4)水泥砂浆一次拌制不得过多,应随用随拌。砂浆放置时间不得过长,应在初凝前用完。

第七步:铺设混凝土或砂浆

1）铺设前,将基层湿润,并在基底上刷一道素水泥浆或界面结合剂,随刷随铺混凝土。

2）混凝土或砂浆铺设应从一端开始,由内向外连续铺设。混凝土应连续浇灌,间歇时间不得超过2小时。如间歇时间过长,应分块浇筑,接槎处按施工缝处理,接缝处混凝土应捣实压平,不现接头槎。

3）工业厂房、礼堂、门厅等大面积水泥混凝土或砂浆找平层应分区段施工,分区段时应结合变形缝位置、不同类型的建筑地面连接处和设备基础的位置进行划分,并应与设置的纵向、横向缩缝的间距相一致。

4）室内地面的水泥混凝土找平层,应设置纵向缩缝和横向缩缝;纵向缩缝间距不得大于6m,并应做成平头缝或加肋板平头缝,当找平层厚度大于150mm时,可做企口缝;横向缩缝间距不得大于12m,横向缩缝应做假缝。

5）平头缝和企口缝的缝间不得放置隔离材料,浇筑时应互相紧贴,企口缝的尺寸应符合设计要求,假缝宽度为5~20mm,深度为找平厚度的1/3,缝内填水泥砂浆。

第八步:振捣混凝土

用铁锹摊铺混凝土或砂浆用水平控制桩和找平墩控制标高,虚铺厚度略高于找平墩,然后用平板振捣器振捣。厚度超过200mm时,应采用插入式振捣器,其移动距离不应大于作用半径的1.5倍,做到不漏振,确保混凝土密实。

第九步:混凝土或砂浆表面找平

混凝土振捣密实后,以墙柱上水平控制线和水平墩为标志,检查平整度,高出的地方铲平,凹的地方补平。混凝土先用水平刮杠刮平,然后表面用木抹子搓平,铁抹子抹平压光。

第十步:浇水养护

找平层施工完后12小时就进行覆盖和浇水养护,养护时间不得少7天。

第十一步:质量检查

(1)找平层与下一层结合牢固,不得有空鼓。

检验方法:用小锤轻击检查。

(2)找平层表面应密实,不得有起砂、蜂窝和裂缝等缺陷。

检验方法:观察检查。

(3)找平层的表面允许偏差应符合规定。

找平层表面的允许偏差和检验方法(mm)

项次	项目	允许偏差					检验方法
		毛地板		用沥青玛蹄脂做结合层铺设拼花木板、板块面层	用水泥砂浆做结合层铺设板块面层	用胶粘剂做结合层铺设拼花木板、塑料板、强化复合地板、竹地板面层	
		拼花实木地板、拼花实木复合地板面层	其他种类面层				
1	表面平整度	3	5	3	5	2	用2m靠尺和楔形塞尺检查
2	标高	±5	±8	±5	±8	±4	用水准仪检查
3	坡度	不大于房间相应尺寸的2/1000,且不大于30					用坡度尺检查
4	厚度	在个别地方不大于设计厚度的1/10					用钢尺检查

第十二步:成品保护

1.混凝土或水泥砂浆运输

(1)运送混凝土应使用不漏浆和不吸水的容器,使用前须湿润,运送过程中要清除容器内粘着的残渣,以确保浇灌前混凝土的成品质量。

(2)混凝土运输应尽量少运输时间,从搅拌机卸出到浇灌完毕的延续时间不得超过表7.8.1规定:

混凝土从搅拌机卸出到浇灌完毕的延续时间(min) 表7.8.1

混凝土强度等级	气温	
	低于25	高于25
≤C30	120	90
>C30	90	60

(3)砂浆贮存:砂浆应盛入不漏水的贮灰器中,并随用随拌,少量贮存。

2.找平层浇灌完毕应及时养护,混凝土强度达到1.2Mpa以上时,方准施工。

招式70 水泥混凝土垫层施工技术

一、施工准备

第一步:准备合格的施工材料

(1)水泥采用硅酸盐水泥、普通硅酸盐水泥或矿渣硅酸盐水泥,其强度等级不得低于32.5级。

(2)砂宜采用中砂或粗砂,含泥量不应大于3%。

(3)石采用碎石或卵石,粗骨料的级配要适宜,其最大粒径不应大于垫层厚度的2/3,含泥量不应大于2%。

(4)水宜采用饮用水。

(5)外加剂:混凝土中掺用外加剂的质量应符合现行国家标准《混凝土外加剂》(GB 8076)的规定。

第二步:确保作业条件合格

(1)楼地面基层施工完毕,暗敷管线、预留孔洞等已经验收合格,并作好记录。

(2)垫层混凝土配合比已经确认,混凝土搅拌后对混凝土强度等级、配合比、搅拌制度、操作规程等进行挂牌。

(3)水平标高控制线已弹完。

(4)水、电布线到位,施工机具、材料已准备就绪。

二、施工步骤

第三步:确定施工流程

第四步:清理基层

浇筑混凝土垫层前,应清除基层的淤泥和杂物;基层表面平整度应控制在5mm内。

第五步：找标高、弹线

根据墙上水平标高控制线，向下量出垫层标高，在墙上弹出控制标高线。垫层面积较大时，底层地面可视基层情况采用控制桩或细石混凝土（或水泥砂浆）做找平墩控制垫层标高；楼层地面采用细石混凝土或水泥砂浆做好找平墩控制垫层标高。

第六步：混凝土搅拌

1）混凝土搅拌机开机前应进行试运行，并对其安全性能进行检查，确保其运行正常。

2）混凝土搅拌时应先加石子，后加水泥，最后加砂和水，其搅拌时间不得少于1.5min，当掺有外加剂时，搅拌时间应适当延长。

第七步：混凝土的运输

在运输中，应保持其匀质性，做到不分层、不离析、不漏浆。运到浇筑地点时，应具有要求的坍落度，坍落度一般控制在10~30mm。

第八步：铺设混凝土

1）铺设前，将基层湿润，并在基底上刷一道素水泥浆或界面结合剂，随刷随铺混凝土。

2）混凝土铺设应从一端开始，由内向外铺设。混凝土应连续浇筑，间歇时间不得超过2小时。如间歇时间过长，应分块浇筑，接槎处按施工缝处理，接缝处混凝土应捣实压平，不显接头槎。

3）工业厂房、礼堂、门厅等大面积水泥混凝土垫层应分区段浇筑，分区段时应结合变形缝位置、不同类型的建筑地面连接处和设备基础的位置进行划分，并应与设置的纵向、横向缩缝的间距一致。

4）水泥混凝土垫层铺设在基土上，当气温长期处于0℃以下，设计无要求时，垫层应设置施工缝。

5）室内地面的水泥混凝土垫层，应设置纵向缩缝和横向缩缝；纵向缩缝间距不得大于6m，并应做成平头缝或加肋板平头缝，当垫层厚度大于150mm时，可做企口缝；横向缩缝间距不得大于12m，横向缩缝应做假缝。

6）平头缝和企口缝的缝间不得放置隔离材料，浇筑时应互相紧贴，企口缝的尺寸应符合设计要求，假缝宽度为5~20mm，深度为垫层厚度的1/3，缝内填水泥砂浆。

第九步：振捣混凝土

用铁锹摊铺混凝土，用水平控制桩和找平墩控制标高，虚铺厚度略高于找平墩，然后用平板振捣器振捣。厚度超过200mm时，应采用插入式振捣器，其移动距离不应大于作用半径的1.5倍，做到不漏振，确保混凝土密实。

第十步：混凝土表面找平

混凝土振捣密实后，以墙柱上水平控制线和水平墩为标志，检查平整度，高出的地方铲平，凹的地方补平。混凝土先用水平刮杠刮平，然后表面用木抹子搓平。有找坡要求时，坡度应符合设计要求。

第七章
6招教你成为面层施工能手
liuzhaojiaonichengweimiancengshigongnengshou

招式71：水泥混凝土面层施工技术

招式72：水泥砂浆面层施工技术

招式73：水磨石面层工程施工技术

招式74：涂料地面面层施工技术

招式75：砖面层施工

招式76：水泥钢(铁)屑面层铺设技巧

简单基础知识介绍

面层,指的是直接承受车辆、人或家具等荷载及自然因素的影响,并将荷载传递到基层的路面结构层。混凝土(如在地面、人行道、车道或路缘上)最后一层的半英寸到一英寸厚的砂浆。面层施工的品类繁多,下面6招教会你成为面层施工高手。

行家出招

招式71 水泥混凝土面层施工技术

一、施工准备

第一步:准备合格的材料

(1)水泥采用普通硅酸盐水泥、矿渣硅酸盐水泥,其强度等级不得低于32.5。

(2)砂宜采用中砂或粗砂,含泥量不应大于3%。

(3)石采用碎石或卵石,其最大粒径不应大于面层厚度的2/3;当采用细石混凝土面层时,石子粒径不应大于15mm;含泥量不应大于2%。

(4)水宜采用饮用水。

(5)粗骨料的级配要适宜。粒径不大于15mm,也不应大于面层厚度的2/3。含泥量不大于2%。

第二步:确保作业条件合格

(1)施工前在四周墙身弹好水准基准水平墨线(如:+500mm 线);

(2)门框和楼地面预埋件、水电设备管线等均应施工完毕并经检查合格。对于有室内外高差的门口位置,如果是安装有下槛的铁门时,尚应考虑室内外完成面能各在下槛两侧收口;

(3)各种立管孔洞等缝隙应先用细石混凝土灌实堵严(细小缝隙可用水泥砂浆灌堵);

(4)办好作业层的结构隐蔽验收手续;

(5)作业层的顶棚(天花)、墙柱施工完毕。

二、施工步骤

第三步:确定施工流程

基层清理 → 基层表面的湿润(不得有积水) → 水泥混凝土的振实 → 打抹压光(同时留置施工缝) → 养护 → 成品保护

第四步:基层清理

铺设前必须将基层冲洗干净,根据水准基准线(如:+500mm 基准线)弹出厚度控制线,并贴灰饼、冲筋。

第五步:基层表面的湿润

基层表面提前湿润,但不得有积水现象。铺设面层时,先在表面均匀涂刷水泥浆一遍,其水灰比值为 0.4~0.5。随刷随按顺序铺筑混凝土面层,并用木杠按灰饼或冲筋拉平。

第六步:水泥混凝土的振实

用平板振捣器振捣密实,若无机械设备,或采用 30 kg 重滚筒,直至表面挤出浆来即可;低洼处应用混凝土补平,并应保证面层与基层结合牢固。

第七步:打抹压光

待 2~3 小时混凝土稍收水后,采用铁抹子压光。压光工序必须在混凝土终凝前完成。施工缝应留置在伸缩缝处,当撤除伸缩缝模板时,用捋角器将边捋压齐平,待混凝土养护完后再清除缝内杂物,按要求分别灌热沥青或填沥青砂浆。

第八步:养护

压光 12 小时后即覆盖并洒水养护,养护应确保覆盖物湿润,每天应洒水 3~4 次(天热时增加次数),约需延续 10~15 天左右。但当日平均气温低于 0℃,不得浇水。

招式 72 水泥砂浆面层施工技术

一、施工准备

第一步:准备合格的材料

(1)水泥采用强度等级 32.5 以上普通硅酸盐水泥或矿渣硅酸盐水泥,冬期施工时宜采用强度等级42.5普通硅酸辣盐水泥,严禁混用不同品种、不同强度等级的水泥。

(2)砂子采用中、粗砂,含泥量不大于3%。

(3)水泥的品种、强度必须符合现行技术标准和设计规范的要求,砂要有试验报告,合格后方可使用。

第二步:确保作业条件合格

(1)施工前在四周墙身弹好水准基准水平墨线(一般弹+500mm线);

(2)门框和楼地面预埋件、水电设备管线等均应施工完毕并经检查合格。对于有室内外高差的门口位置,如果是安装有下槛的铁门时,尚应顾及室内外完成面能各在下槛两侧收口;

(3)各种立管孔洞等缝隙应先用细石混凝土灌实堵严(细小缝隙可用水泥砂浆灌堵);

(4)作业层的顶棚(天花)、墙柱施工完毕。

二、施工步骤

第三步:确定施工流程

刷素水泥浆结合 → 找标高、弹线 → 打灰饼、冲筋 → 铺设砂浆面层 → 搓平 → 压光 → 养护 → 检查验收

第四步:刷素水泥浆结合层

宜刷水灰比为0.4~0.5的素水泥浆,也可在基层上均匀洒水湿润后,再撒水泥粉,用竹扫帚均匀涂刷,随刷随做面层,应控制一次涂刷面积不宜过大。

第五步:地面与楼面的标高和找平

控制线应统一弹到房间四周墙上,高度一般比设计地面高500mm。有地漏等带有坡度的面层,坡度应满足排除液体要求。

第六步:打灰饼、冲筋

根据+500mm水平线,在地面四周做灰饼,然后拉线打中间灰饼再用干硬性水泥砂浆软筋(软筋间距为1.5m左右)。

第七步:水泥砂浆面层的施工

基层为混凝土时,常用干硬性水泥砂浆,且以砂浆外表湿润松散、手握成团、不泌水分为准,而水泥焦渣基层可用一般水泥砂浆。水泥砂浆的配比为1:2(如用强度等级32.5的水泥则可用1:2.5的配比)。操作时先在两冲筋之间均匀地铺上砂浆,比冲筋面略高,然后用刮尺以冲筋为准刮平、拍实,待

表面水分稍干后,用木抹子打磨,要求把砂眼、凹坑、脚印打磨掉,操作人员在操作半径内打磨完后,即用纯水泥浆均匀满涂在面上,再用铁抹子抹光。向后退着操作,在水泥砂浆初凝前完成。

第八步:第二遍压光

在水泥砂浆初凝前,即可用铁抹子压抹第二遍,要求不漏压,做到压实、压光;凹坑、砂眼和踩的脚印都要填补压平。

招式73 水磨石面层工程施工技术

一、施工准备

第一步:材料准备

(1)水泥:所用的水泥强度等级不应小于32.5级;原色水磨石面层宜用42.5级普通硅酸盐水泥;彩色水磨石,应采用白色或彩色水泥。

(2)石子(石米):应采用坚硬可磨的岩石(常用白云石、大理石等)。应洁净无杂物、无风化颗粒,其粒径除特殊要求外,一般用6~15mm,或将大、小石料按一定比例混合使用。

(3)玻璃条:用厚3mm普通平板玻璃裁制而成,宽10mm左右(视石子粒径定),长度由分块尺寸决定。

(4)铜条:用2~3mm厚铜板,宽度10mm左右(视石子粒径定),长度由分块尺寸决定。铜条须经调真才能使用。铜条下部1/3处每米钻四个孔径2mm,穿铁丝备用。

(5)颜料:采用耐光、耐碱的矿物颜料,其掺入量不大于水泥重量的12%。如采用彩色水泥,可直接与石子拌合使用。

(6)沙子:中砂,通过0.63mm孔径的筛,含泥量不得大于3%。

(7)其他:草酸、地板蜡、φ0.5~1.0mm直径铁丝。

第二步:确保作业条件合格

(1)施工前应在四周墙壁弹出水准基准水平墨线(一般弹+1000mm或+500mm线);

(2)门框和楼地面预埋件、水电设备管线等均应施工完毕并经检查合格。对于有室内外高差的门口位置,如果是安装有下槛的铁门时,尚应顾及室内外完成面能各在下槛两侧收口;

(3)各种立管孔洞等缝隙应先用细石混凝土灌实堵严(细小缝隙可用水泥砂浆灌堵);

(4)办好作业层的结构隐蔽验收手续;

(5)作业层的天棚(天花)、墙柱抹灰施工完毕。

(6)石子粒径及颜色须由设计人认定后才进货。

(7)彩色水磨石如用白色水泥掺色粉拌制时,应事先按不同的配比做样板,交设计人员或业主认可。一般彩色水磨石色粉掺量为水泥量的3%~5%,深色则不超过12%。

(8)水泥砂浆找平层施工完毕,养护2~3天后施工面层。

二、施工步骤

第三步:确定施工流程

基层处理 ⟶ 找标高、弹线 ⟶ 打灰饼、冲筋 ⟶ 刷素水泥浆结合层 ⟶ 铺水泥砂浆找平层 ⟶ 养护 ⟶ 分隔条镶嵌 ⟶ 抹石子浆面层 ⟶ 磨光 ⟶ 打蜡抛光 ⟶ 刷草酸出光

第四步:找标高,弹水平线,打灰饼,冲筋

打灰饼(打墩)、冲筋:根据水准线基准线(如:+500mm 水平线),在地面四周做灰饼,然后拉线打中间灰饼(打墩)再用干硬性水泥砂浆做软筋(推栏),软筋间距约1.5mm左右。在有地漏和坡度要求的地面,应按设计要求做泛水和坡度。对于面积较大的地面,则应用水准仪出面层平均厚度,然后边测标高边做灰饼。

第五步:刷素水泥浆结合层

宜刷水灰比为0.4~0.5的素水泥浆,也可在基层上均匀洒水湿润后,再撒水泥粉,用竹扫(把)帚均匀涂刷,随刷随做面层,并控制一次涂刷面积不宜过大。

第六步:铺抹水泥砂浆找平层:

找平层用1:3干硬性水泥砂浆,先将砂浆摊平,再用靠尺(压尺)按冲筋刮平,随即用灰板(木抹子)磨平压实,要求表面平整、密实保持粗糙。找平层抹好后,第二天应浇水养护至少1天。

第七步:分格条镶嵌

1)找平层养护1天后,先在找平层上按设计要求弹出纵横两向直线或图案分格墨线,然后墨线裁分格条。

2)用纯水泥浆在分格条下部,抹成八字角通长座嵌牢固(与找平层约成30°

角),铜条穿的铁丝要埋好。纯水泥浆的涂抹高度比分格条低3~5mm。分格条应镶嵌牢固,接头严密,顶面在同一水平面上,并拉通线检查其平整度及顺直。

第八步:抹石子浆(石米)面层

1)水泥石子浆必须严格按照配合比计量。若彩色水磨石应先按配合比将白水泥和颜料反复干拌均匀,拌完后密筛多次,使颜料均匀混合在白水泥中,并注意调足用量以备补浆之用,以免多次调和产生色差,最后按配合比与石米搅拌均匀,然后加水搅拌。

2)铺水泥石子浆前一天,洒水将基层充分湿润。在涂刷素水泥浆结合层前应将分格条内的积水和浮砂清除干净,接着刷水泥浆一遍,水泥品种与石子浆的水泥品种一致,随即将水泥石子浆先铺在分格条旁边,将分格条边约100mm内的水泥石子浆轻轻抹平压实,以保护分格条,然后再整格铺抹,用灰板(木抹子)或铁抹子(灰匙)抹平压实,(石子浆配合比一般为1:1.25或1:1.5)但不应用靠尺(压尺)刮。面层应比分格条高5mm,如局部石子浆刮平压实,对局部水泥浆较厚处,应适当补撒一些石子,并压平压实,要达到表面平整,石子(石米)分布均匀。

3)石子浆面至少要经两次用毛刷(横扫)粘拉开面浆(开面),检查石粒均匀(若过于稀疏应及时补上石子)后,再用铁抹子(灰匙)抹平压实,至泛浆为止。要求将波纹压平,分格条顶面上的石子应清除掉。

第九步:磨光

1)大面积施工宜用机械磨石机磨,小面积、边角处可使用小型手提式磨石机研磨。对局部无法使用机械研磨时,可用手工研磨。开磨前应试磨,若试磨后石粒不松动,即可开磨。

水磨石开磨时间参数表

平均温度(℃)	开磨时间(天)	
	机磨	人工磨
20~30	3~4	2~3
10~20	4~5	3~4
5~10	5~6	4~5

2)磨光作业应采用"二浆三磨"方法进行,即整个磨光过程分为磨光三遍,补浆二次。

（A）用60～80号粗石磨第一遍,随磨随用清水冲洗,并将磨出的浆液及时扫除。对整个水磨面,要磨匀、磨平、磨透,使石粒面及全部分格条顶面外露。

（B）磨完后要及时将水泥浆冲洗干净,稍干后,涂刷一层同颜色水泥浆(即补浆)用以填补砂眼和凹痕,对个别脱胎石部位要填补好,不同颜色上浆时,要按先深后浅的顺度进行。

（C）补刷浆第二天后需养护3～4天,然后用100～150号磨石进行第二遍研磨,方法同第一遍。要求磨至表面平滑,无模糊不清之处为止。

（D）磨完清洗干净后,再涂刷一层同色水泥浆,继续养护3～4天,用180～240号细磨石进行第三遍研磨,要求磨至石子粒显露,表面平整光滑,无起眼细孔为止,并用清水将其冲洗干净。

第十步:涂刷草酸出光

对研磨完成的水磨石面层,经检查达到平整度、光滑度要求后,即可进行擦草酸打磨出光。操作时可涂刷10%～15%的草酸溶液,或直接在水磨石面层上浇适量水及撒草酸粉,随后280～320号细油石细磨,磨至出白浆、表面光滑为止。然后用布擦去白浆,并用清水冲洗干净并晾干。

第十一步:找蜡抛光

按蜡:煤油=1:4的比例热熔化,掺入松香水适量,调成稀糊状,用布将蜡薄薄地均匀涂刷在水磨石面上。待蜡干后,用包有麻布的木块代替没石装在磨石机的磨盘上进行磨光,直到水磨石表面光滑洁亮为止。

招式74 涂料地面面层施工技术

一、施工准备

第一步:准备合格的施工材料

（1）建筑胶:密度1.03～1.05t/m³,固体含量9%～10%,pH值7～8,无悬浮、沉淀物,储存在密闭容器内备用。

（2）水泥:强度等级为32.5级硅酸盐水泥或普通硅酸盐水泥。

（3）颜料:用氧化铁系颜料,细度通过0.208mm筛孔,颜色按设计要求确定,一般用氧化铁红、氧化铁黄、氧化铁绿或两种进行调配,含水率不大于2%。面层使用颜料应注意严格控制同一部位采用同一厂、同一批的质量合格颜料,并设专人配料、计量,水泥和颜料应拌合均匀,使用其色泽一致,以防止面层颜色深浅不一、褪色、失光等疵病。

(4)粉料:耐酸率不应小于95%,含水率不应大于0.5%,细度要求能过0.15mm,筛孔余量不应小于5%。

(5)蜡:使用地板蜡。

第二步:确保作业条件合格

(1)水泥砂浆面层已按设计要求施工完毕,经检查合格并办理验收手续。

(2)基层表面应平整坚实、洁净、干燥,并不得鼓、起砂,无开裂、无油渍,含水率不大于9%,平整度不大于2mm。

二、施工步骤

第三步:确定施工流程

第四步:基层清理

基层残留的砂浆、浮灰、油渍应洗刷干净,晾干后方可进行施工。

第五步:基层修补

表面如有凹凸不平、裂缝、起砂等缺陷,应提前2~3天用聚合物水泥砂浆修补。打底时用稀释胶粘剂或水泥胶粘剂腻子涂刷(刮涂)1~3遍,干燥后,用0号砂纸打磨平整光滑,清除粉尘。基层晾干,含水率不应大于9%。

第六步:配置涂料

根据设计要求颜色,将涂料、颜料、填料、稀释剂按照一定比例搅拌均匀。

第七步:地面分格

按照设计要求或按计划施工的顺序在地面上弹出分格线,按分格线进行施工(适用于凝固较快的涂料施工)。

第八步:刷主涂层

将搅拌好的涂料倒入小桶中,用小桶往擦干净的地面上徐徐倾倒,一边倒一边用橡皮刮板刮平,然后用铁抹子抹光。施工顺序为由房间的里面往外涂刷,满涂刷1~3遍,厚度宜控制在0.8~1.0mm。涂刷方向、距离长短应一致,勤沾短刷。如所用涂料干燥较快时应缩短刷距,在前一遍涂料表面干后方可刷下一遍,每遍的间隔时间,一般为2~4小时,或通过试验确定(如地面有刻花或图案要求,在主涂层打磨后可做刻花、图案处理)。

第九步:刷罩面层

待主涂层干后即可满涂刷1~2遍罩面涂料（环氧树脂地面采用环氧树脂清漆罩面，过氯乙烯涂料地面采用过氯乙烯涂料罩面，彩色聚氨酯地面采用彩色聚氨酯涂料罩面）。

第十步：磨平磨光

招式75 砖面层施工

一、施工准备

第一步：准备合格的材料

(1)水泥：采用硅酸盐水泥，普通硅酸盐水泥或矿渣硅酸盐水泥，强度等级不宜低于32.5级。应有出厂证明和复试报告，当出厂超过三个月应做复试并按试验结果使用。

(2)砂：采用洁净无有机杂质的中砂或粗砂，含泥量不大于3%。不得使用冰块的沙子。

(3)沥青胶结料：宜用石油沥青与纤维、粉状或纤维和粉状混合的填充料配制。

(4)胶粘剂：应符合防水、防菌要求。

(5)面砖：颜色、规格、品种应符合设计要求，外观检查基本无色差，无缺棱、掉角，无裂纹，材料强度、平整度、外形尺寸等均符合现行国家标准相应产品的各项技术指标。

第二步：确保作业条件合格

(1)墙面抹灰及墙裙做完。

(2)内墙面弹好水准基准墨线（如：+500mm 或+1000mm 水平线）并校核无误。

(3)门窗框要固定好，并用1:3水泥砂浆将缝隙堵塞严实。铝合金门窗框边缝所用嵌塞材料应符合设计要求。且应塞堵密实并事先粘好保护膜。

(4)门框保护好，防止手推车碰撞。

(5)穿楼地面的套管、地漏做完，地面防水层做完。

二、施工步骤

第三步：确定施工流程

第四步:基层处理

将混凝土基层上的杂物清理掉,并用錾子剔掉楼地面超高、墙面超平部分及砂浆落地灰,用钢丝刷刷净浮浆层。如基层有油污时,应用10%火碱水刷净,并用清水及时将其上的碱液冲净。

第五步:找面层标高、弹线

根据墙上的+50cm(或1)水平标高线,往下量测出面层标高,并弹在墙上。

第六步:抹找平层砂浆

1)洒水湿润:在清理好的基层上,用喷壶将地面基层均匀洒水一遍。

2)抹灰饼和标筋:从已弹好的面层水平线下量至找平层上皮的标高,抹灰饼间距1.5m,灰饼上平就是水泥砂浆找平层的标高,然后从房间一侧开始抹标筋(又叫冲筋)。有地漏的房间,应由四周向地漏方向放射形抹标筋,并找好坡度。抹灰饼和标筋应使用干硬性砂浆,厚度不且小于20mm。

3)装档(即在标筋间装铺水泥砂浆):清净抹标筋的剩余浆渣,涂刷一遍水泥浆粘结层,要随涂刷铺砂浆。然后根据标筋的标高,用小平锹或木抹子将已拌保的水泥砂浆(配合比1:3~1:4)铺装在标筋之间,用木抹子摊平、拍实,小木杠刮平,再用木抹子搓铲,使铺设的砂浆与标筋找平,并用大木杠横竖检查其平整度,同时检查其标高和泛水坡度是否正确,24小时后浇水养护。

第七步:弹铺砖控制线

当找平层砂浆抗压强度达到1.2Mpa时,开始上弹砖的控制线。预先根据设计要求和砖板块规格尺寸,确定板块铺砌的缝隙宽度,当设计无规定时,紧密铺贴缝隙宽度不宜大于1mm,虚缝铺贴缝隙宽度宜为5~10mm。

在房间分中,从纵、横两个方向排尺寸,当尺寸不足整砖倍数时,将非整砖用于边角处,横向平行于门口的第一排应为整砖,将非整砖排在靠墙位置,纵向(垂直门口)应在房间内分中,非整砖对称排放在两墙边外,尺寸不小于整砖边长的1/2。根据已确定的砖数和缝宽,在地面上弹纵、横控制线(每隔4块砖弹一根控制线)。

第八步:铺砖

为了找好位置和标高,应从门口开始,纵向先铺2~3行砖,以此为标筋拉纵横水平标高线，铺时应从里向外退着操作，人不得踏在刚铺好的砖面上，每块砖应跟线，操作程序是：

1）铺砌前将砖板块放入半截水桶中浸水湿润，晾干后表面无明水时，方可使用。

2）找平层上洒水湿润，均匀涂刷素水泥浆（水灰比为0.4～0.5），涂刷面积不要过大，铺多少刷多少。

3）结合层的厚度：如采用水泥砂浆铺设时应为20～30mm，采用沥青胶结料铺设时应为2～5mm。采用胶粘剂铺设时应为2～3mm。

4）结合层组合材料拌合：采用沥青胶结材料和胶粘剂时，除了按出厂说明操作外还应经试验室外试验后确定配合比，拌合要均匀，不得有灰团，一次拌合不得太多，在要求的时间内用完。如使用水泥砂浆结合层时，配合比宜为1:2.5（水泥:砂）干硬性砂浆。亦应随拌随用，初凝前用完，防止影响粘结质量。

5）拔缝、修整：铺完2～3行，应随时拉线检查缝格的平直度，如超出规定应立即修整；将缝拔直，并用橡皮锤拍实。此项工作应在结合层凝结之前完成。

第九步：勾缝擦缝

面层铺贴应在24小时内进行擦缝、勾缝工作，并应采用同品种、同强度等级、同颜色的水泥。宽缝一般在8mm以上，采用勾缝。若纵横缝为干挤缝，或小于3mm者，应用擦缝。

1）勾缝：用1:1水泥细砂浆勾缝，勾缝用砂应用窗纱过筛，要求缝内砂浆密实、平整、光滑，勾好后要求缝成圆弧形，凹进面砖外表面2～3mm随勾随将剩余水泥砂浆清走、擦净。

2）擦缝：如设计要求不留缝隙或缝隙很小时，则要求接缝平直，在铺实修整好的砖面层上用浆壶往缝内浇水泥浆，然后用干水泥撒在缝上，再用棉纱团擦揉，将缝隙擦满。最后将面层上的水泥浆擦干净。

第十步：镶贴踢脚板

踢脚板用砖，一般采用与地面块材同品种、同规格、同颜色的材料，踢脚板的立缝应与地面缝对齐，铺设时应在房间墙面两端头阴角处各镶贴一块砖，出墙厚度和高度应符合设计要求，以此砖上楞为标准挂线，开始铺贴，砖背面朝上抹粘结砂浆（配合比为1:2水泥砂浆），使砂浆粘满整块砖为宜，及时粘贴在墙上，砖上楞要跟线并立即拍实，随之将挤出的砂浆刮掉。将面层清擦干净(在粘贴前,砖块材要浸水晾干,墙面刷水湿润)。

招式76 水泥钢(铁)屑面层铺设技巧

水泥钢(铁)屑面层是用水泥与钢(铁)屑加水拌合后铺设在水泥砂浆结合层上而成。当在其面层进行表面处理时,将提高面层的耐压强度以及耐磨性和耐腐蚀性能,防止外露钢(铁)屑遇水而生锈,并能承受反复摩擦撞击而不至于面层起灰或破裂。水泥钢(铁)屑面层具有强度高、硬度大、良好的抗冲击性能和耐磨损性等特点,适用于工业厂房中有较强磨损作用的地段,如滚动电缆盘、钢丝绳车间、履带式拖拉机装配车间以及行驶铁轮车或拖运尖锐金属物件等的建筑地面工程。

一、施工准备

第一步:准备合格的材料

(1)水泥:水泥应采用硅酸盐水泥或普通硅酸盐水泥,其强度等级不应小于32.5。

(2)钢(铁)屑:钢屑应为磨碎的宽度在6mm以下的卷状钢刨屑或铸铁刨屑与磨碎的钢刨屑混合使用。其粒径应为1~5mm,过大的颗粒和卷状螺旋应予破碎,小于1mm的颗粒应予筛去。钢(铁)屑中不得含油和不应有其他杂物,使用前必须清除钢(铁)屑上的油脂,并用稀酸溶液除锈,再以清水冲洗后烘干待用。

(3)砂:砂采用普通砂或石英砂。普通砂应符合现行的行业标准《普通混凝土用砂质量标准及检验方法》(JGJ 52)的规定。

第二步:按确定的配合比,先将水泥和钢(铁)屑干拌均匀后,再加水拌合至颜色一致,拌合时,应严格控制加水量,稠度要适度,不应大于10mm。

第三步:铺设前,应在已处理好的基层上刷水泥浆一遍,先铺一层水泥砂浆结合层,其体积比宜为1:2(水泥:砂),经铺平整后将水泥与钢(铁)屑拌合料按面层厚度要求刮平并随铺随拍实,亦可采用滚筒滚压密实。

第四步:结合层和面层的拍实和抹平工作应在水泥初凝前完成;水泥终凝前应完成压光工作。面层要求压密实,表面光滑平整,无铁板印痕。压光工作应较一般水泥砂浆面层多压1~2遍,主要作用是增加面层的密实度,以有效的提高水泥钢(铁)屑面层的强度和硬度以及耐磨损性能。压光时严禁洒水。

第五步：面层铺好后24小时，应洒水进行养护。或用草袋覆盖浇水养护，但不得用水直接冲洒。养护期一般为5~7天。

第六步：当在水泥钢（铁）屑面层进行表面处理时，可采用环氧树脂胶泥喷涂或涂刷。施工时，应按下列规定：

1）环氧树脂稀胶泥采用环氧树脂及胺固化剂和稀释剂配制而成。其配方是环氧树脂100：乙二胺80：丙酮30。

2）表面处理时，需待水泥钢（铁）屑面层基本干燥后进行。

3）先用砂纸打磨面层表面，后清扫干净。在室内温度不小于20℃情况下，涂刷环氧树脂稀胶泥一度。

4）涂刷应均匀，不得漏涂。

5）涂刷后可用橡皮刮板或油漆刮刀轻轻将多余的环氧树脂稀胶泥刮去，在气温不小于20℃条件下，养护48小时后即成。

第八章
11招教你成为吊顶能手

shiyizhaojiaonichengweidiaodingnengshou

招式77:施工要点
招式78:如何抓好质量监控
招式79:了解施工技术标准
招式80:搞定优质材料质量
招式81:龙骨安装不再难
招式82:轻钢龙骨石膏板吊顶技术
招式83:悬吊式顶棚装饰工艺
招式84:轻钢龙骨矿棉板吊顶技术
招式85:木质吸音板吊顶施工技术
招式86:轻钢龙骨木饰面吊顶
招式87:木骨架罩面板顶棚技术

简单基础知识介绍

1. 吊顶的总体要求

(1)天花完成后要求平整,无明显的凹凸、下垂。

(2)天花板材面漆无明显色差,板面干净防污染。

(3)铝板天花必须采用容易装卸耐用不变形的构造方式,以便楼内设备管线的安装维护。

(4)无污染、无放射性、绿色环保。

2. 吊顶的工艺要求

(1)检查顶棚隐蔽工程的安装情况,如空气调节系统,消防喷淋系统,烟感系统,供、配电系统等是否安装到位。

(2)按图纸设计要求四周找平。

(3)吊杆龙骨间距按厂家规范合理分布。

(4)龙骨连接固定后要通线找平。

(5)所有金属件如无电镀层,必须先刷涂防锈油二遍。门廊、室外天花的龙骨及配件必须采用镀锌处理。

(6)主龙骨的吊杆间距900~1200,主龙骨间距约600~900mm(或按厂家规范)。

(7)埋入楼板的膨胀螺丝与吊杆的焊接,膨胀螺丝按需要设置,必须牢固而且不小于M8×60或M8×80的规格。

(8)吊杆与主龙骨的连接必须牢固可靠,无松脱。

行家出招

招式77 施工要点

1. 施工配合:天花装饰施工与机电设备安装有着密切的关系,且机电设备安装所涉及的专业繁多,因此装饰与安装各专业的施工配合使之协调统一,条理有序,才能顺利完成该项目的施工并确保天花的质量和装饰效果。

2. 材料选定:天花选用材料的质量好坏是关系到施工质量和效果的关

键,必须严格按照业主方提出的材料要求和相应的材料规范标准订货和验收,材料样板必须经业主和监理确认。

3. 弧型异型板控制:天花吊不规则的弧型异型造型,从深化设计、定样放样、加工安装的全过程必须严格控制,并采用样板先行的办法施工。收口处和不同材料或不同平面天花的衔接必须平滑过度。

4. 天花牢固强度的控制:面积大的天花、机电设备体积过大(如空调大风管)的地方,除了按规范设置吊点之外,有必要增加角钢横担等措施,增加吊点以保证能完全承担天花的自身重量。

5. 天花的伸缩处理:在楼地面留有伸缩缝的地方,相应的天花均必须有伸缩的深化设计,根据不同的材料性能,计算伸缩缝宽度并选用合适的伸缩缝处理方案。

招式 78　如何抓好质量监控

1. 天花内的各种铁件,必须作防锈或镀锌处理;
2. 吊顶内一切空调、消防、有关电讯设备必须自行独立架设。
3. 如果建筑物有裂缝情况,必须经修补合格后方可进行吊顶安装。
4. 所有焊接部分必须焊缝饱满;吊扣、挂件必须拧夹牢固。吊杆、紧固螺栓不小于8。
5. 控制吊顶不平,施工中应拉通线检查,做到标高位置正确、大面平整。
6. 所有主次龙骨不能作为施工或其他重物悬吊支点。
7. 龙骨、石膏板及其他吊顶材料在进场、存放、使用过程中应严格管理,保证不变形、不受潮、不生锈。
8. 装好的轻骨架上不得上人踩踏,其他工种的吊挂件不得吊于轻骨架上。

招式 79　了解施工技术标准

1. 轻钢龙骨、铝合金龙骨、金属装饰板等为罩面板的吊顶工程的安装及验收。
2. 吊顶工程所用材料的品种、规格、颜色以及基层构造、固定方法应符合设计要求。

3.吊顶龙骨在运输安装时,不得扔摔、碰撞。龙骨应平放,防止变形;罩面板在运输和安装时,应轻拿轻放,不得损坏板材的表面和边角。运输时应采取相应措施,防止受潮变形。

吊顶龙骨宜存放在地面平整、干燥、通风处,并根据不同罩面板的性质,分别采取措施,防止受潮变形。

4.罩面板安装前的准备工作应符合下列规定:

在现浇板或预制板缝中,按设计要求设置预埋件或吊杆;

吊顶内的通风、水电管道及上人吊顶内的人行或安装通道,应安装完毕;

消防管道安装并试压完毕;

5.吊顶内的灯槽、斜撑、剪刀撑等,应根据工程情况适当布置。轻型灯具应吊在主龙骨或附加龙骨上,重型灯具或电扇不得与吊顶龙骨联结,应另设吊钩;

6.罩面板应按规格、颜色等进行分类选配。

7.罩面板安装前,应根据构造需要分块弹线。带装饰图案罩面板的布置应符合设计要求。若设计无要求,宜由顶棚中间向两边对称排列安装。墙面与顶棚的接缝应交圈一致。

8.罩面板与墙面、窗帘盒、灯具等交接处应严密,不得有漏缝现象。

9.搁置式的轻质罩面板,应按设计要求设置压卡装置。

10.罩面板不得有悬臂现象,应增设附加龙骨固定。

11.施工用的临时马道应架设或吊挂在结构受力构件上,严禁以吊顶龙骨作为支撑点。

12.吊顶施工过程中,土建与电气设备等作业应密切配合,特别是预留孔洞、吊灯等处的补强应符合设计要求,以保证安全。

13.罩面板安装后,应采取保护措施,防止损坏。

招式80 搞定优质材料质量

1.各类罩面板不应有气泡、起皮、裂纹、缺角、污垢和图案不完整等缺陷,表面应平整,边缘应整齐,色泽应一致。穿孔板的孔距应排列整齐;暗装的吸声材料应有防散落措施;各类罩面板的质量均应符合现行国家标准、行业标准的规定。

2. 吊顶工程所用的轻钢龙骨、铝合金龙骨及其配件应符合有关现行国家标准。

3. 安装罩面板的紧固件,宜采用镀锌制品,预埋的木砖应作防腐处理。

4. 胶粘剂的类型应按所用罩面板的品种配套选用,现场配制的胶粘剂,其配合比应由试验确定。

招式81 龙骨安装不再难

1. 安装吊顶龙骨的基本质量,应符合有关现行材料标准的规定。

2. 根据吊顶的设计标高在四周墙上弹线。弹线应清楚,位置准确,其水平允许偏差±3mm。

3. 主龙骨吊点间距,应按设计推荐系列选择,中间部分应起拱,金属龙骨起拱高度应不小于房间短向跨度的1/200,主龙骨安装后应及时校正其位置和标高。

4. 吊杆距主龙骨端部距离不得超过300mm,否则应增设吊杆,以免主龙骨下坠。当吊杆与设备相遇时,应调整吊点构造成或增设吊杆,以保证吊顶质量。

5. 吊杆应通直并有足够的承载能力。当预埋的吊杆需接长时,必须搭接焊牢,焊缝均匀饱满。

6. 次龙骨(中或小龙骨,下同)应紧贴主龙骨安装。当用自攻螺钉安装板材时,板材的接缝处,必须安装在宽度不小于40mm的次龙骨上。

7. 根据板材布置的需要,应事先准备尺寸合格的横撑龙骨,用连接件将其两端连接在通长次龙骨上。明龙骨系列的横撑龙骨与次龙骨的间隙不得大于1mm。

8. 边龙骨应按计要求弹线,固定在四周墙上。

9. 全面校正主、次龙骨的位置及水平度。连接件应错位安装。明龙骨应目侧无明显弯曲。通长次龙骨连接处的对接错位偏差不得超过2mm。

10. 检查安装好吊顶骨架,应牢固可靠。

11. 工程验收

(1)检查数量:按有代表性的自然间抽查10%,过道按10延长米,礼堂、厂房等大间按两轴线为1间,但不少于3间。

（2）检查吊顶工程所用材料的品种、规格、颜色以及基层构造、固定方法等是否符合设计要求。

（3）罩面板与龙骨应连接紧密,表面应平整,不得有污染、折裂、缺棱掉角、锤伤等缺陷,接缝应均匀一致。

（4）搁置的罩面板不得有漏、透、翘角现象。

（5）吊顶罩面板工程质量的控制。

附表：

项次	项目	控制＜mm											检验方法
		石膏板			无机纤维板		木质板		塑料板		纤维水泥加压板	金属装饰板	
		石膏装饰板	深装浮雕嵌式石膏板	纸面石膏板	矿棉装饰吸声板	超细玻璃棉板	胶合板	纤维板	钙塑装饰板	聚氯乙烯塑料板			
1	表面平整	3			2		2	3	3	2		2	用2m靠尺和楔形塞尺检查观感平整
2	接缝平直	3	3	3	3		4	3			<1.5		拉5m线检查,不足5m拉通线检查
3	压条平直	3		3	3		3	3					
4	接缝高低	1		1	0.5		1		1		1		用直尺和楔形塞尺检查
5	压条间距	2		2	2		2		2		2	2	用尺检查

招式82　轻钢龙骨石膏板吊顶技术

石膏板是以熟石膏为主要原料掺入添加剂与纤维制成,具有质轻、绝热、吸声、不燃和可锯性等性能。石膏板与轻钢龙骨(由镀锌薄钢压制而成)相结合,便构成轻钢龙骨石膏板。轻钢龙骨石膏板天花具有多种种类,包括有纸面石膏板、装饰石膏板、纤维石膏板、空心石膏板条。市面上有多种规格。以目前来看,使用轻钢龙骨石膏板天花作隔断墙的多,用来作造型天花的比较少。

一、施工准备

第一步:准备合格的材料

1. 轻钢龙骨分 U 形龙骨和 T 形龙骨,吊顶按荷载分上人和不上人两种。
2. 轻钢骨架主件为大、中、小龙骨;配件有吊挂件、连接件、插接件。
3. 零配件:有吊杆、膨胀螺栓、铆钉。
4. 按设计要求选用各种金属罩面板,其材料品种、规格、质量应符合设计要求。

第二步:确保作业条件合格

1. 吊顶工程在施工前应熟悉施工现场、图纸及设计说明。
2. 检查材料进场验收记录和复验报告。
3. 吊顶内的管道、设备安装完成;罩面板安装前,上述设备应检验、试压验收合格。
4. 罩面板安装前,墙面饰面基本完成,涂料只剩最后一遍面漆,经验收合格。

第三步:确定施工流程

弹线、安装吊杆、安装主龙骨、安装副龙骨、起拱调平、安装石膏板。

第四步:弹线及安装吊杆

根据图纸先在墙上、柱上弹出顶棚高水平墨线,在顶板上画出吊顶布局,确定吊杆位置并与原预留吊杆焊接;如原吊筋位置不符或无预留吊筋时,采用 M8 膨胀螺栓在顶板上固定,吊杆采用 $\varphi 8$ 钢筋加工。

第五步:安装主龙骨及副龙骨

根据吊顶标高安装大龙骨,基本定位后调节吊挂抄平下皮(注意起拱量);再根据板的规格确定中、小龙骨位置,中、小龙骨必须和大龙骨底面贴紧,安装垂直吊挂时应用钳夹紧,防止松紧不一。由于本工程吊杆长度超出了 1500mm 范围,必须设置反支撑。

安装时,根据已确定的主龙骨(大龙骨)弹线位置及弹出标高线,先大致将其基本就位。次龙骨(中、小龙骨)应紧贴主龙骨安装就位。龙骨就位后,再满拉纵横控制标高线(十字中心线),从一端开始,一边安装,一边调整,最后再精调一遍,直到龙骨平止。面积较大时,在中间还应考虑水平线适当起拱度,调平时一定要从一端调向另一端,要求纵横平直。

第六步:安装石膏板

安装双层石膏板时,面层板与基层板的接缝应错开,不得在同一根龙骨上接缝。螺钉头宜略埋入板内,并不得使纸面破损,钉眼应防锈并用石膏腻子抹平。石膏板的接缝应按其施工工艺标准进行板缝防裂处理。安装双层石膏板时,面层板与基层板的接缝应错开,并不得在同一根龙骨上接缝。

第七步:质量检查:

1. 金属板的吊顶基底工程必须符合基底工程有关规定。

2. 吊顶用金属板的材质、品种、规格、颜色及吊顶的造型尺寸,必须符合设计要求和国家现行有关标准规定。

3. 金属板与龙骨连接必须牢固可靠,不得松动变形。

4. 设备口、灯具的位置应布局合理,按条、块分格对称,美观。套割尺寸准确边缘整齐,不露缝。排列顺直、方正。

检验方法:观察、手扳、尺量检查。

第八步:成品保护

1. 轻钢骨架及罩面板安装应注意保护顶棚内各种管线。轻钢骨架的吊杆、龙骨不得固定在通风管道及其他设备上。

2. 轻钢骨架、罩面板及其他吊顶材料在入场存放、使用过程中严格管理,保证不变形、不受潮、不生锈。

3. 施工顶棚部位已安装的门窗、已施工完毕的地面、墙面、窗台等应注意保护,防止污损。

4. 已装轻钢骨架不得上人踩踏。其他工种吊挂件,不得吊于轻钢骨架上。

5. 罩面板安装必须在棚内管道、试水、保温、设备安装调试等一切工序全部验收后进行。

6. 安装装饰面板时,施工人员应戴线套,以防污染板面。

招式 83　悬吊式顶棚装饰工艺

(一)悬吊式顶棚的构造

悬吊式顶棚一般由三个部分组成:吊杆、骨架、面层。

1. 吊杆

(1)吊杆的作用:承受吊顶面层和龙骨架的荷载,并将这荷载传递给屋顶的承重结构。

(2)吊杆的材料:大多使用钢筋。

2. 骨架

A. 骨架的作用:承受吊顶面层的荷载,并将荷载通过吊杆传给屋顶承重结构。

B. 骨架的材料:有木龙骨架、轻钢龙骨架、铝合金龙骨架等。

C. 骨架的结构:主要包括主龙骨、次龙骨和搁栅、次搁栅、小搁机所形成的网架体系。

轻钢龙骨和铝合金龙骨在 T 型、U 型、LT 型及各种异型龙骨等。

3. 面层

A. 面层的作用:装饰室内空间,以及吸声、反射等功能。

B. 面层的材料:纸面石膏板、纤维板、胶合板、钙塑板、矿棉吸音、铝合金等金属板、PVC 塑料板等。

C. 面层的形式:条型、矩型等。

(二)悬吊式顶棚的施工工艺

(1)轻钢龙骨、铝合金龙骨吊顶:

第一步:确定施工流程

弹线→安装吊杆→安装龙骨架→安装面板

第二步:掌握施工要点

1. 首先应在墙面弹出标高线,在墙的两端固定压线条,用水泥钉与墙面固定牢固。依据设计标高,沿墙面四周弹线,作为顶棚安装的标准线,其水平允许偏差 ±5 毫米。

2. 遇藻井吊顶时,应从下固定压条,阴阳角用压条连接。注意预留出照明线的出口。吊顶面积大时,应在中间铺设龙骨。

3.吊点间距应当复验,一般不上人吊顶为1200～1500毫米,上人吊顶为900～1200毫米。

4.面板安装前应对安装完的龙骨和面板板材进行检查,符合要求后再进行安装。

第三步:确定施工流程

弹线、安装吊杆、安装主龙骨、安装副龙骨、起拱调平、安装铝扣板。

第四步:弹线及安装吊杆

根据图纸先在墙上、柱上弹出顶棚标高水平墨线,在顶板上画出吊顶布局,确定吊杆位置并与原预留吊杆焊接,如原吊筋位置不符或无预留吊筋时,采用M8 膨胀螺栓在顶板上固定,吊杆采用 $\varphi 8$ 钢筋加工。

第五步:安装主龙骨

根据吊顶标高安装大龙骨,基本定位后调节吊挂抄平下皮(注意起拱量);再根据板的规格确定中、小龙骨位置,中、小龙骨必须和大龙骨底面贴紧,安装垂直吊挂时应用钳夹紧,防止松紧不一。

第六步:铝板安装

注意铝板的表面色泽,必须符合设计规范要求,铝板的几何尺寸进行核定,偏差在±1mm,安装时注意对缝尺寸,安装完后轻轻撕去其表面保护膜。

第七步:质量检查

1.吊顶标高、尺寸、起拱和造型应符合设计要求。

2.饰面材料的材质、品种、规格、图案和颜色应符合设计要求。

3.暗龙骨吊顶工程的吊杆、龙骨和饰面材料的安装必须牢固。

4.吊杆、龙骨的材质、规格、安装间距及连接方式应符合设计要求。金属吊杆、龙骨应经过表面防腐处理;木吊杆、龙骨应进行防腐、防火处理。

招式84 轻钢龙骨矿棉板吊顶技术

第一步:确定施工流程

弹线——安装吊杆——安装主龙骨——安装副龙骨——起拱调平——安装矿棉板。

第二步:安装吊杆

根据图纸先在墙上、柱上弹出顶棚标高水平墨线,在顶板上画出吊顶布局,确定吊杆位置并与原预留吊杆焊接,如原吊筋位置不符或无预留吊筋时,采用 M8 膨胀螺栓在顶板上固定,吊杆采用 φ8 钢筋加工。

第三步:安装主龙骨

根据吊顶标高安装大龙骨,基本定位后调节吊挂抄平下皮(注意起拱量);再根据板的规格确定中、小龙骨位置,中、小龙骨必须和大龙骨底面贴紧,安装垂直吊挂时应用钳夹紧,防止松紧不一。主龙骨安装时吊杆调平不认真,造成各吊杆点的标高不一致;施工时应认真操作,检查各吊点的紧挂程度,并拉通线检查标高与平整度是否符合设计要求和规范标准的规定。

第四步:安装面板

施工过程中注意各工种之间配合,待顶棚内的风口、灯具、消防管线等施工完毕,并通过各种试验后方可安装面板。

第五步:矿棉板安装

注意矿棉板的表面色泽,必须符合设计规范要求,矿棉板的几何尺寸进行核定,偏差在±1mm,安装时注意对缝尺寸,安装完后轻轻撕去其表面保护膜。矿棉板吊顶要注意板块的色差,防止颜色不均的质量弊病。

第六步:质量检查

1. 吊顶标高、尺寸、起拱和造型应符合设计要求。
2. 饰面材料的材质、品种、规格、图案和颜色应符合设计要求。
3. 暗龙骨吊顶工程的吊杆、龙骨和饰面材料的安装必须牢固。
4. 吊杆、龙骨的材质、规格、安装间距及连接方式应符合设计要求。金属吊杆、龙骨应经过表面防腐处理;木吊杆、龙骨应进行防腐、防火处理。

招式85 木质吸音板吊顶施工技术

一、施工准备

第一步:准备合格的材料

轻钢龙骨、配件、吊杆、膨胀螺栓、木质板等,进场检验合格且是否有出厂合格证及材料质量证明。

第二步:确保作业条件合格

1. 在所要吊顶的范围内,机电安装均已施工完毕,各种管线均已试压合格,且已经过隐蔽验收。

2. 已确定灯位、通风口及各种照明孔口的位置。
3. 顶棚罩面板安装前,应作完墙地、湿作业工程项目。
4. 搭好顶棚施工操作平台架子。
5. 轻钢骨架顶棚在大面积施工前,应做样板间,对顶棚的起拱度、灯槽、窗帘盒、通风口等处进行构造处理,经鉴定后再大面积施工。

二、施工步骤

第三步:确定工艺流程

基层清理→弹线→安装吊筋→安装主龙骨→安装边龙骨→弱电、综合布线敷设→隐蔽检查→安装次龙骨及木质板→成品保护→分项验收。

第四步:弹线

根据吊顶设计标高弹吊顶线作为安装的标准线。

第五步:安装吊筋

根据施工图纸要求确定吊筋的位置,安装吊筋预埋件(角铁),刷防锈漆,吊杆采用直径为 $\varphi 8$ 的钢筋制作,吊点间距 900-1200mm。安装时上端与预埋件焊接,下端套丝后与吊件连接。安装完毕的吊杆端头外露长度不小于 3mm。

第六步:安装主龙骨

一般采用 UC38 龙骨,吊顶主龙骨间距为 900~1000mm。安装主龙骨时,应将主龙骨吊挂件连接在主龙骨上,拧紧螺丝,并根据要求吊顶起拱 1/200,随时检查龙骨的平整度。房间内主龙骨沿灯具的长方向排布,注意避开灯具位置;走廊内主龙骨沿走廊短方向排布。

第七步:安装次龙骨

配套次龙骨选用烤漆 T 型龙骨。间距与板横向规格同,将次龙骨通过挂件吊挂在大龙骨上。

第八步:安装边龙骨

采用 L 型边龙眉,与墙体用塑料胀管自攻螺钉固定,固定间距 200mm。

第九步:隐蔽检查

在水电安装、试水、打压完毕后,应对龙骨进行隐蔽检查,合格后方可进入下道工序。

第十步:安装饰面板

木质板选用认可的规格形式,明龙骨木质板直接搭在 T 型烤漆龙骨上。

第十一步:质量检查

(1) 吊顶标高、尺寸、起拱和造型应符合设计要求。

(2) 饰面材料的材质、品种、规格、图案和颜色应符合设计要求。当饰面材料为玻璃板时,应使用安全玻璃或采取可靠的安全措施。

(3) 饰面材料的安装应稳固严密。饰面材料与龙骨的搭接宽度应大于龙骨受力面宽度的2/3。

(4) 吊杆、龙骨的材质、规格、安装间距及连接方式应符合设计要求。金属吊杆、龙骨应进行表面防腐处理;木龙骨应进行防腐、防火处理。

(5) 明龙骨吊顶工程的吊杆和龙骨安装必须牢固。

第十二步:成品保护

轻钢骨架、罩面板及其他吊顶材料在入场存放、使用过程中应严格管理,保证不变形、不受潮、不生锈。

招式86 轻钢龙骨木饰面吊顶

第一步:确定施工流程

弹线、安装吊杆、安装主龙骨、安装副龙骨、起拱调平、安装木底板、安装木饰面板。

第二步:安装吊杆

根据图纸先在墙上、柱上弹出顶棚高水平墨线,在顶板上画出吊顶布局,确定吊杆位置并与原预留吊杆焊接;如原吊筋位置不符或无预留吊筋时,采用 M8 膨胀螺栓在顶板上固定,吊杆采用 $\varphi 8$ 钢筋加工。

第三步:安装主龙骨

根据吊顶标高安装大龙骨,基本定位后调节吊挂抄平下皮(注意起拱量);再根据板的规格确定中、小龙骨位置,中、小龙骨必须和大龙骨底面贴紧,安装垂直吊挂时应用钳夹紧,防止松紧不一。

第四步:安装木底板

板用自攻钉固定,并经过防潮处理,安装时先将板就位,用直径小于自攻钉直径的钻头将板与龙骨钻通,再用自攻钉拧紧。板要在自由状态下固定,不得出现弯棱、凸鼓现象;板长边沿纵向次龙骨铺设;固定板用的次龙骨间距不应大于600mm。

第五步:安装木饰面板

木饰面板的安装要采用胶贴在木底板上,在贴的同时要注意胶要涂匀,各个位置都应涂到,保证木饰面板和木底板之间的牢固。

第六步:质量检查

1. 吊顶标高、尺寸、起拱和造型应符合设计要求。

2. 饰面材料的材质、品种、规格、图案和颜色应符合设计要求。

3. 暗龙骨吊顶工程的吊杆、龙骨和饰面材料的安装必须牢固。

4. 吊杆、龙骨的材质、规格、安装间距及连接方式应符合设计要求。金属吊杆、龙骨应经过表面防腐处理;木吊杆、龙骨应进行防腐、防火处理。

招式87 木骨架罩面板顶棚技术

第一步:选择合格的施工材料

1. 木料:木材骨架料应为烘干,无扭曲的红白松树种;黄花松不得使用。木龙骨规格按设计要求,如设计无明确规定时,大龙骨干规格为50mm×70mm 或 50mm×100mm,小龙骨规格为 50mm×50mm 或 40mm×60mm,吊杆规格为 50mm×50mm 或 40mm×40mm。

2. 罩面板材及压条:按设计选用,严格掌握材质及规格标准。

3. 其他材料:圆钉、Φ6 或 Φ8 螺栓、射钉、膨胀螺栓、胶粘剂、木材防腐剂和8#镀锌铁丝。

第二步:确保合格的施工条件

1. 顶棚内各种管线及通风管道均应安装完毕并办理手续。

2. 直接接触结构的木龙骨应预先刷防腐剂。

3. 吊顶房间需完墙面及地面的湿作业和台面防水等工程。

4. 搭好顶棚施工操作平台架。

第三步:确定施工流程

顶棚标高弹水平线→划龙骨分档线→安装水电管线设施→安装大龙骨→安装小龙骨→防腐处理→安装罩面板→安装压条。

第四步;弹线

根据楼层标高水平线,顺墙高量到顶棚设计标高,沿墙四周弹顶棚标高水平线,并在四周的标高线上划好龙骨的分档位置线。

第五步:安装大龙骨

将预埋钢筋弯成环形圆钩,穿8#镀锌铁丝或用Φ6－Φ8 螺栓将大龙骨固定,并保证其设计标高。吊顶起拱按 设计要求,设计无要求时一般为房间跨度的1/200－1/300。

第六步:安装小龙骨

A. 小龙骨底面刨光、刮平、截面厚度应一致。小龙骨间距应按设计要求,设计无要求时,应按罩面板规格决定,一般为400－500mm。

B. 按分档线先定位安装通长的两根边龙骨,拉线后各根龙骨按起拱标高,通过短吊杆将小龙骨用圆钉固定在大龙骨上,吊杆要逐根错开,不得吊钉在龙骨的同一侧面上。通长小龙骨对接接头应错开,采用双面夹板用圆钉错位钉牢,接头两侧量少各钉两个钉子。

第七步:安装卡挡小龙骨

按通长小龙骨标高,在两根通长小龙骨之间,根据罩面板材的分块尺寸和接缝要求,在通长小龙骨底面横向弹分档线,以底找平钉固卡挡小龙骨。

第八步:防腐处理

顶棚内所有露明的铁件,钉罩面板前必须刷防防腐漆,木骨架与结构接触面应进行防腐处理。

第九步:安装管线设施

在弹好顶棚标高线后,应进行顶棚内水、电设备管线安装,较重吊物不得吊于顶棚龙骨上。

第十步:安装罩面板

在木骨架底面安装顶棚罩面板的品种较多,应按设计要求品种、规格施工工艺大全和固定方式施工。罩面板与木骨架的固定方式用木螺丝拧固法。

第十一步:成品保护

1. 装施工时,应注意保护顶棚内装好的各种管线,木骨架的吊杆,龙骨不准固定在通风管道及其他设备上。

2. 工部位已安装完的门窗,已施工完的地面、墙面、窗台等应注意保护、防止损坏。

温馨提示

1. 吊顶主龙骨间距一般为1000mm,龙骨接头要错开;吊杆的方向也要错开,避免主龙骨向一边倾斜。用吊杆上的螺栓上下调节,保证 定起拱度,视房间大小起拱 5-20mm。待水平度调好后再逐个拧紧螺帽,开孔位置需将大龙骨加固。

2. 悬吊式顶棚吊顶时,要求:

1)饰面材料表面应洁净、色泽一致,不得有翘曲、裂缝及缺损。压条应平直、宽窄一致。

2)饰面板上的灯具、烟感器、喷淋头、风口篦子等设备的位置应合理、美观,与饰面板的交接应吻合、严密。

3)金属吊杆、龙骨的接缝应均匀一致,角缝应吻合,表面应平整,无翘曲、锤印。木质吊杆、龙骨应顺直,无劈裂、变形。

4)吊顶内填充吸声材料的品种和铺设厚度应符合设计要求,并应有防散措施。

3. 轻钢龙骨矿棉板安装时,要求:

1)饰面材料表面应洁净、色泽一致,不得有翘曲、裂缝及缺损。压条应平直、宽窄一致。

2)饰面板上的灯具、烟感器、喷淋头、风口篦子等设备的位置应合理、美观,与饰面板的交接应吻合、严密。

3)金属吊杆、龙骨的接缝应均匀一致,角缝应吻合,表面应平整,无翘曲、锤印。木质吊杆、龙骨应顺直,无劈裂、变形。

4)吊顶内填充吸声材料的品种和铺设厚度应符合设计要求,并应有防散措施。

4. 木质吸音板吊顶成品保护要求:

(1)饰面材料表面应洁净、色泽一致,不得有翘曲,裂缝及缺损。饰面板与明龙骨的搭接应平整、吻合,压条应平直、宽度一致。

(2)饰面板上的灯具、烟感器、喷淋头、风口篦子等设备的位置应合理、美观,与饰面板的交接应吻合、严密。

(3)金属龙骨的接缝应平整、吻合、颜色一致,不得有划伤、擦伤等表面缺陷。

第九章
12招教你成为混凝土浇筑、养护能手

shierzhaojiaonichengweihunningtujiaozhu、yanghunengshou

招式88：设备工具准备
招式89：材料要求
招式90：四步骤保障施工环境
招式91：确定混凝土浇筑程序流程
招式92：混凝土的浇筑技术
招式93：后浇带施工技术
招式94：停止浇筑混凝土后的处理
招式95：防止产生温度裂缝的技术措施
招式96：确保大体积混凝土施工质量措施
招式97：成品保护
招式98：混凝土养护技术
招式99：7个步骤保证安全环保施工

99招让你成为

nishuigongnengshou

简单基础知识介绍

混凝土浇筑是工程建设中的重要环节之一,浇筑质量的好坏将直接影响到工程整体质量。对混凝土浇筑的各个环节中的技术要点,往往被人忽略,下文将通过12招教会你如何成为混凝土浇筑高手。

关于混凝土为何要进行养护?那是因为水泥是属于水硬化合物,在它初凝的时间里需要保证一定程度化合作用的水分,这样才能使水泥达到硬化的作用。在浇筑完成后,很快有一部分水分完成了化合作用,另一部分水蒸发流失,这时水泥还没有达到硬化标准,就需要不停的加水保湿,来满足化合作用,一般养护时间不少于7天,具体时间长短视温度而定。

行家出招

招式88 设备工具准备

1)机械设备:混凝土输送泵(天泵和地泵)、插入式振动棒。
2)主要工具:铁锹、抹子、刮杠、对讲机等。
3)主要试验检测工具:混凝土坍落度筒、混凝土标准试模、靠尺、塞尺、水准仪、全站仪等。

招式89 材料要求

1)水:宜采用饮用水。其他水,其水质必须符合《混凝土拌合用水标准》(JG63—89)的规定。
2)外加剂:所用混凝土外加剂的品种、生产厂家及牌号应符合配合比通知单的要求。外加剂应有出厂质量证明书及使用说明,并应有有关指标的进场试验报告。国家规定要求认证的产品,还应有准用证件。外加剂必须有掺量试验。
3)混合材料(目前主要是掺粉煤灰,也有掺其他混合材料的,如UEA膨胀剂沸石粉等);所用混合材料的品种、生产厂家及牌号应符合配合比通知单的要求。混合材料应有出厂质量证明及使用说明,并应有进场试验报告。混合材料还必须有掺量试验。

招式 90 四步骤保障施工环境

1)需浇筑混凝土的工程部位已办理隐检手续、混凝土浇筑的申请单已经有关人员批准。

2)依据混凝土施工区域,确定混凝土输送泵的行走路线、布置方式、浇筑程序、布料方法。

3)浇筑混凝土必需的脚手架和马道已经搭设,经检查符合施工需要和安全要求,确保混凝土浇拌站至浇筑地点的运输道路畅通。

4)检查电源、电路,并做好夜间照明的准备。

招式 91 确定混凝土浇筑程序流程

招式 92 混凝土的浇筑技术

1)浇筑混凝土期间,要根据浇混凝土量及浇筑面积的大小派 1~3 名合格的木工照看模板,以便在必要时加以调整或校正;派 1 名合格的钢筋工照看钢筋,以便调整或校正钢筋的位置。

2)混凝土自高处倾落的自由高度,不应超过 2m。

3)混凝土在注入泵的料斗前必须在运输搅拌筒内搅拌。

4)混凝土的浇筑和振捣不得引起钢筋和模板移位。

5)混凝土要与模板壁全部接触,并且完全裹住钢筋。

6）不得将振捣器用于推动或铺设混凝土。

7）混凝土振捣器必须保持垂直，并沿其自身轴线移动，振捣器从混凝土中取出时要非常缓慢，做到振捣器提起时其留下的痕迹立即被填满。

8）在炎热气候中浇筑混凝土，应采取有效措施以避免引起混凝土的开裂并降低其混凝土的最后强度，新浇筑的混凝土入模温度不得高于30C。详见《混凝土在炎热天气下的浇筑》程序。

招式93 后浇带施工技术

一、施工要求：

1）后浇带应采用膨胀混凝土浇筑，其强度等级比两侧混凝土提高一级且≥C30。浇筑温度宜低于两侧混凝土浇筑时的温度。后浇带封闭前，该处的钢筋应做好防腐保护。后浇带的接缝处理应符合施工缝的要求。在砼未达到28天强度前，被后浇带打断的梁板应做好临时支撑等保护，以防结构发生先期变形。

2）后浇带浇筑时间应满足以下要求：

A. 温度后浇带：在两侧混凝土龄期达到60天，并经设计同意后浇注；

B. 沉降后浇带：在主体结构顶板浇注60天后，提供沉降观测数据，经设计同意后浇注。

3）后浇带采用快易收口网模板。

二、施工方案

1）后浇带的留置位置应按图纸和设计要求确定。后浇带部位的构件钢筋不截断，且增设不少于原配钢筋15%的附加钢筋，伸入后浇带两边各1000mm。

2）后浇带的保留时间应不少于两个月。在后浇带的两个月保留期内，应完好保存后浇带内的钢筋。

3）后浇带两侧混凝土浇筑后，后浇带处需要采取防护措施进行保护，而且不得随意挪动。一是防止后浇带部位的钢筋变形或受到破坏；二是避免后浇带部位坠物伤人等事件发生。

4）梁、板结构混凝土达到强度后应及时拆除模板和脚手架，后浇带部位所在跨混凝土必须达到同条件试块强度100%后方可进行模板和脚手架拆除后浇带梁板所在跨的模板和脚手架。

5) 后浇带混凝土浇筑前,应先将后浇带两侧先浇混凝土界面处松动的混凝土块及浮浆凿除,用钢丝刷刷干净,清除后浇带内垃圾,用高压水枪冲净并充分润湿混凝土表面,清除出残留积水。

6) 后浇带处锈蚀的钢筋,应用钢丝刷将浮锈除净,并将钢筋调整平直到位,钢筋除锈后要及时浇筑后要及时浇筑后浇带的混凝土,避免钢筋再次锈蚀。

7) 混凝土浇筑前,在新老混凝土结合面刷素水泥浆一遍。后浇带采用比相应结构部位高一级的微膨胀混凝土浇筑。

8) 浇筑时,避免直接靠近缝边下料。振捣棒宜自中央向后浇带接缝逐渐推进,并在距缝边 80－100mm 处停止振捣,避免使原混凝土振裂,然后人工振捣,使其紧密结合。

9) 使用插入式振捣棒应快插慢拔,插点要均匀排列,逐点移动,顺序进行,不得遗漏,做到均匀振实。移动间距不大于振捣作用半径的 1.5 倍(一般为 30－40cm)。

10) 后浇带混凝土浇筑后养护很重要,12 小时内开始麻袋覆盖保湿养护,养护不少于 15d,混凝土的养护要派专人负责,特别是前三天养护要及时。

11) 后浇带混凝土强度达到 1.2 MPa 后方允许操作人员在上行走,进行一些轻便工作,但仍不得有冲击性操作;未达到设计强度之前,其上不得堆放重物,其下支撑不得拆除。

招式 94 停止浇筑混凝土后的处理

1) 混凝土浇筑完毕后,必须除去要露出但可能已被覆盖的钢筋上的浮浆和砂浆

2) 要做到工完场清:电缆、电线、对讲机、手锤、扳手等工具在某一施工区完成后,应立即送回库房保成,以备下一施工区用,浇后的混凝土垃圾等,必须用麻袋或塑料袋好,运到指定的垃圾场。

3) 浇完混凝土后,不论何种气候条件均要按规定及时进行混凝土的养护工作,在任何情况下养护的持续时间不应少于三天。

4. 主要施工技术措施

A. 合理的混凝土配合比；

采用掺加磨细粉煤灰和木钙减水剂，减少单位水泥用量和用水量。采用32.5矿渣硅酸盐水泥等进一步降低水化热。

B. 为了减少约束应力，在垫层上面涂刷滑动层，滑动层的做法：先刷一道肥皂下脚涂层，上刷石灰膏：107：水 = 10：2：1 保护层。

C. 砼表面保温保湿养护，采用一层塑料薄膜二层草包的方法。

招式95 防止产生温度裂缝的技术措施

为了控制裂缝的开展，应着重从控制温升，延缓降温速度，减少混凝土收缩，提高混凝土极限拉伸，改善约束程度等方面采取措施。

1）控制混凝土温升

大体积混凝土结构的降温阶段，控制水泥水化热引起的温升即减小了降温温差。控制水泥水化热可以采取下列措施：

①选用中底热水泥料，大体积混凝土结构多用矿渣硅酸盐水泥。

②掺加减水剂和泵送剂，木质素硫酸钙。质素硫酸钙属阴离子表面活性剂，对水泥颗粒有明显的分散效应，并能使水的表面张力降低而引起加气作用，在混凝土中掺入量为水泥的0.25%的木钙减水剂它不经能使混凝土的和易性有明显改善同时又减少0.1%左右的拌和水节约0%左右的水泥从而减低了水化热。

③掺加粉煤灰外加剂粉煤灰具有一定的活性，不但可以代替部分水泥，而且粉煤灰颗粒是球型具有"滚动效应"而起润滑作用。能改善混凝土的粘塑性并可整出泵送混凝土要求锝0.35MM以下细粒的含量，改善混凝土的泵送性，降低混凝土的水化热。

④粗细骨料选择

粗骨料的形状对混凝土的和易性和用水量也具有较大的影响，因此粗骨料中的斜片颗粒按重量计应不大于15%。细骨料采用中粗砂为宜细度模数伪.29 平均粒经0.38MM 的中粗砂，此细度模数较小可减少20 – 25 千克/M^3的用水量，水泥用量可减少8 – 35 千克/M^3。

砂石含泥量必须严格控制，砂石含泥量超过规定不仅会增加混凝土的收缩，同时也会引起混凝土的抗拉强度降低对混凝土的裂缝是十分不利的，因此大体积混凝土中石子含泥量不超过1%,砂的含泥量不超过%。

⑤控制混凝土的出机温度和浇筑温度

影响混凝土的出机温度是石子及水的温度,砂的温度次之。最有效的方法是降低石子的温度,在气温较高时,为防止太阳的直接照射。在砂石场搭设简易遮阳装置。混凝土的浇筑温度,混凝土从搅拌机出料后经搅拌运输车卸料、泵送、浇筑、振捣、平整等工序后的混凝土温度为浇筑混凝土,浇筑温度控制不超过28℃。

2)延缓混凝土降温速度

大体积混凝土浇筑后为了减少升温阶段内外温差,防止产生表面裂缝,给予适当的潮湿养护条件,防止混凝土表面脱水产生干缩裂缝使水泥顺利进行水化,提高混凝土的极限拉伸值以及使混凝土的水化热降温速率延缓就,减少结构计算温差,防止产生过大的温度应力和产生温度裂缝,对混凝土进行保湿和保温养护是重要的。(采用一层塑料薄膜两层草包)

3)减少混凝土的收缩,提高混凝土的极限拉伸值

通过改善混凝土的配合比和施工工艺,可以在一定程度上减少混凝土的收缩和提高混凝土的极限拉伸值。对浇筑后混凝土进行二次振捣能排除混凝土因泌水在粗骨料水平钢筋下部的水分和空隙提高混凝土与钢筋的握裹力,防止因混凝土沉落而出现的裂缝,减少内部裂缝增加混凝土密实度提高混凝土的抗压强度,从而提高抗裂性。掌握二次振捣的时间,将运转的震动棒以其自身的重力逐渐插入混凝土中进行振捣,混凝土仍可恢复塑性的程度,是使震动棒小心拔出时混凝土仍能自行闭合,而不会在混凝土留下孔穴。

4)改善并约束

①放置滑动层

在混凝土垫层上先刷一道肥皂下脚涂层,上刷石灰膏:107:水 = 10:2:1 保护层。

②当大体积混凝土结构的尺寸过大,通过计算证明一次浇筑产生的温度过大有可能产生温度裂缝,合理设置"后浇带"分段进行浇筑。

招式96 确保大体积混凝土施工质量措施

为了确保大体积混凝土的施工质量,在施工过程中采取以下质量保证

措施。

1）混凝土原材料方面措施

骨料选用粒径为5－40mm碎石和细度模数大于2.5的中砂。严格控制骨料的含泥量，石子控制在1%以下，砂控制在2%以下。采用双掺技术，混凝土中同时掺入磨细粉煤灰和具有缓凝减水作用的外加剂。

2）从施工方面进行控制

混凝土振捣应充分，能有效防止混凝土因泌水在粗骨料及水平钢筋下部生成的水分和空隙，提高混凝土与钢筋的握裹力，防止因混凝土沉落而出现裂缝，减少内部微裂。保持混凝土浇灌的连续性，确保混凝土浇灌时不出现施工缝。整个浇灌过程由施工员进行监视，并做好砼浇灌记录。

3）温度监测

在混凝土的养护过程中，应对混凝土的内部温度、顶面温度、底面温度及室外气温进行监测。本工程中采用电子测温仪进行测温。一般来说，基础内外温差不得高于20℃，养护期间降温速率≤1.5℃/d。在施工中，混凝土内部温度采用热电阻测温法。为准确全过程掌握本工程混凝土养护过程中的温度升降规律，温差变化情况，在混凝土养护的整个过程安排实验人员昼夜值班，按规范次数进行跟踪测量，并随时根据监测结果对养护措施作出相应调整，确保砼内外温差不得高于20℃，并做好砼测温记录及养护记录。

招式97 成品保护

1）对已浇筑的混凝土要加以保护，必须保证未达到终凝前的混凝土模板不受扰动；

2）柱的拆模操作必须在混凝土强度达到不掉棱时方准进行，而梁、板的拆模要等混凝土达到28天强度，并完成预应力钢筋铰线张拉后方准进行。

3）混凝土浇筑、振捣至最后完工时，要保持甩出钢筋的位置正确。

4）应保护好预留洞口、预埋件及水电预埋管、盒等。

招式98 混凝土养护技术

对已浇筑完毕的混凝土，不论何种气候条件，梁、板、柱、楼梯均需养护，使水泥的水化作用正常进行,防止产生收缩裂缝,保证已浇筑的混凝土在规定龄期内达到设计要求的强度。在凝固的第一阶段,为防止混凝土免受太阳光、干燥风、雨水的有害影响,在浇筑完毕以后应尽快采取覆盖和浇水等方法养护。在覆盖和浇水中,应符合下列规定:

应在浇筑完毕后的12小时以内对混凝土加以覆盖和浇水,在炎热夏季可缩短2~3小时,但不得早于8小时,因为浇筑完毕8小时以内的混凝土由于加有缓凝剂,可能尚未达到终凝;

混凝土的浇水养护的时间,对采用硅酸盐水泥、矿渣硅酸盐水泥拌制的混凝土,不得少于7天,对掺用缓凝型外加剂或有抗渗性要求的混凝土,不得少于14天;本工程中的梁、板、柱等结构构件所使用的混凝土均加有外加剂,因此养护时间不得少于14天。浇水次数应能保持混凝土处于润湿状态,混凝土的养护用水应与拌制用水相同;混凝土强度达到1.2N/mm^{2}前,不得在其上踩踏或安装模板及支架;

招式99 7个步骤保证安全环保施工

1)混凝土浇筑应检查模板及其支撑的稳固情况,施工中并严密监视,发现问题应及时加固;施工中不得冲击模板支撑。

2)混凝土浇筑前,应对振动器进行试运转,振动器操作人员应穿胶靴、戴绝缘手套;振动器不能挂在钢筋上,湿手不能接触电源开关。

3)进入现场的所有人员必须戴好安全帽,高空作业人员必须系好安全带。

4)混凝土浇筑部位应有安全防护栏杆和操作平台。夜间作业应设置充足的照明。

5)混凝土浇筑产生的废弃物应及时清运,保持工完场清。

6)现场使用照明灯具宜用定向可拆除灯罩型,使用时应防止光污染。

7)混凝土运输车每次出场应清理下料斗,防止混凝土遗洒。